AF363364

ÉTUDES CRITIQUES

SUR DES

BRACHIOPODES NOUVEAUX

OU PEU CONNUS

Par M. Eugène DESLONGCHAMPS

Préparateur de géologie à la Faculté des sciences de Paris, — Membre du Comité de
la Paléontologie française, — de la Société géologique de France, — de la
Société Linnéenne de Normandie, — d'Émulation du Doubs, — de la
Société impériale des naturalistes de Moscou, — des recherches
utiles de Trèves, etc.

1er. et 2e.

FASCICULES

Août 1862

A CAEN, chez A. HARDEL, imp.-libr., rue Froide, n°. 2.
A PARIS, chez SAVY, libr.-éditeur, rue Hautefeuille, n°. 24.

ÉTUDES CRITIQUES

SUR

DES BRACHIOPODES NOUVEAUX

OU PEU CONNUS.

AVERTISSEMENT.

Chargé, par le Comité de la *Paléontologie française*, de
la partie des Brachiopodes dans les *Suites à d'Orbigny*, j'ai
dû faire appel à tous les géologues et paléontologistes français. Cet appel a été entendu : de tous côtés, on y a répondu
avec un empressement et une bienveillance extrêmes, et
j'ai pu rassembler déjà un nombre immense de matériaux,
comprenant la presque totalité des espèces jurassiques fran-
çaises.

Mais, si cette richesse permet d'arriver à plus d'exactitude
et de précision, elle entraîne aussi, pour la publication, un
temps beaucoup plus considérable : il faudra trois années au
moins pour terminer la seule partie jurassique dont la première livraison vient de paraître.

Cependant, je reçois de tous côtés des espèces des plus
intéressantes, soit pour ce travail même, soit comme termes
de comparaison : il serait donc fâcheux de retarder la publication
des plus importants de ces matériaux ; aussi me suis-je

décidé à faire paraître une série de fascicules, dans lesquels je décrirai les espèces nouvelles les plus remarquables qui me tomberont sous la main ; j'en profiterai aussi pour rectifier et compléter l'étude d'espèces déjà connues, pour lesquelles il reste encore beaucoup d'incertitude, et c'est malheureusement le cas de la plupart. Ces formes, si variables, passent les unes aux autres par des degrés si insensibles, qu'on est vraiment en droit de se demander si L'ESPÈCE EXISTE EN RÉALITÉ DANS LA NATURE. Hâtons-nous d'ajouter, toutefois, que chaque grande formation géologique possède des formes, espèces ou non, peu importe, mais en tous cas des identités assez caractérisées pour être reconnues aisément et permettre aux géologues d'avoir sous la main de bons guides pour la reconnaissance des terrains et même de simples couches.

C'est donc avec l'espoir que ces études critiques seront reçues avec bienveillance, que j'adresse un nouvel appel à tous les géologues et paléontologistes, les priant de m'adrésser soit des échantillons, soit des notes de rectification ou de description d'espèces nouvelles, remarquables par leurs caractères propres ou par leurs stations géologiques.

Chaque fascicule comprendra quatre planches format in-8°. et le texte correspondant.

Paris, le 10 mai 1862.

E. EUDES-DESLONGCHAMPS.

I. ESPÈCES DU LIAS.

1°. THECIDEA COMPLANATA, *nov. sp.*

Dimensions : long., **5** millim. ; larg., **8** millim.

DIAGN. *Coquille ovalaire, beaucoup plus large que longue, très-déprimée, attachée aux corps sous-marins par la plus grande partie de sa grande valve. Aréa large et mal définie. Grande valve offrant vers le bord frontal un biseau très-étroit, en forme de bourrelet marginal. A l'intérieur, se voient 5 ou 7 bourrelets longitudinaux mal définis, correspondant aux divisions de l'appareil brachial. Petite valve entièrement plane on légèrement concave, suivant à peu près la direction de l'aréa de la valve adhérente. A l'intérieur, appareil brachial formé d'un nombre variable de lames, généralement 5 ou 7, très-peu saillantes, assez larges, offrant un petit rebord élevé. Biseau à peu près nul. Appareil palléal à peine indiqué, formé de granulations qui suivent les sinuosités de l'appareil brachial.*

Hab. Lias moyen, dans les poches à gastéropodes. Bretteville-sur-Laize, May, etc. (Calvados). R.

Obs. Cette espèce, voisine des *Th. mayalis* et *sub-mayalis*, s'en distingue au premier coup-d'œil par ses valves aplaties, par le peu d'étendue du biseau frontal, et surtout le peu de relief des digitations de l'appareil brachial ; elle est beaucoup plus rare que les deux autres espèces, et se rencontre à un niveau inférieur. Je profiterai de cette occasion pour donner la liste des espèces jusqu'ici recueillies dans le lias moyen.

Appareil brachial formé de digitations au nombre de 3, 5 ou davantage.
{
  Thecidea mayalis (E. Desl.).
  —   *sub-mayalis* (Id.).
  —   *complanata* (Id.).

Appareil brachial formé d'une seule digitation.

Thecidea Perrieri (E. Desl).
— *rustica* (Moore).
— *Moorei* (Dav.).
— *sinuata* (E. Desl.).
— *biloba* (Id.).
— *Leptœnoïdes* (Id.).
— *Bouchardi* (Dav.).
— *Deslongchampsii* (Id.)
— *Buvignieri* (E. Desl.).
— *Konincki* (Id.).

Pl. I., fig. 1. *Thecidea complanata*. Grande valve grossie.
— fig. 2. — Intérieur de la petite valve grossie.

2°. SPIRIFERINA RUPESTRIS, *nov. sp.*

Dimensions : longueur, 35 millim. ; largeur , 38 millim. ; épaisseur, 26 millim. ; élévation du crochet de la grande valve, 16 millim. ; hauteur de la petite valve, 7 millim.

DIAG. *Coquille très-inéquivalve , à crochet très-élevé , divisée en trois portions par un sinus assez profond et un bourrelet médian correspondant, simple et non marqué de plis. Parties latérales ornées d'un nombre variable de plis, (10 à 16 environ), quelquefois effacés , d'autant plus prononcés que la coquille est plus adulte. Grande valve très-élevée , à crochet très-grand , droit ou très-peu recourbé. Aréa très-grande, plane ou à peine concave. Deltidium inconnu. Petite valve assez bombée.*
Couleur : *rouge-brun violacé.*

Ornements caducs extérieurs. — *Épines tubuleuses , très-nombreuses, libres entr'elles seulement à leur base, et se soudant ensuite de façon à former , tout autour de la coquille, des parties squammeuses analogues à celles de certains Spirigera et Atrypa* (fig. 5 et 7.).

Intérieur. — Septums de la grande valve n'ayant rien de particulier. Appareil brachial formé d'un grand nombre de tours de spire offrant deux masses symétriques qui se redressent brusquement, remontent dans l'intérieur du crochet où elles s'élargissent, et se terminent en deux masses arrondies dont l'axe s'infléchit plus ou moins vers l'extérieur (fig. 4).

Obs. Cette espèce ressemble au *Spiriferina pinguis* (Ziet.) par l'ornementation de ses valves, mais là se bornent les analogies ; en effet, cette dernière a un crochet court et très-recourbé qui contraste, au premier coup-d'œil, avec le bec presque droit, l'aréa grande et plane de notre *Spir. rupestris* qu'on ne pourrait guère comparer, sous ce rapport, qu'au *Spirif. ascendens* (Desl.). Le *Spir. rupestris* se distingue de tous les autres par deux caractères malheureusement difficiles à constater : 1°. par les ornements caducs de la surface; 2°. par la forme de son appareil brachial.

Les épines, dont les cicatrices seules subsistent sur la grande majorité des échantillons, se soudent entr'elles presque à leur naissance, de façon à former tout autour de la coquille des expansions lamelleuses semblables à celles qu'on voit, par exemple, dans les *Atrypa reticularis, aspera, spinosa*, les *Spirigera lamellosa, Royssii, pectinifera*, etc. (1) (V. pl. I,

(1) Il faut tenir grand compte de ces ornements pour la délimitation des espèces, car il arrive souvent que sur deux formes paraissant identiques, si on ne s'en tient qu'aux caractères habituels, il existe, en réalité, des différences très-grandes dans les ornements caducs de leur surface, ce qui donne un aspect tout différent. Prenons, par exemple, les *Atrypa reticularis* et *A. spinosa*, deux espèces dévoniennes qui paraissent bien voisines : on serait tenté de les regarder comme une seule et même, si on ne prenait comme contrôle que les échantillons tels quels des collections d'amateurs. Voyez ces mêmes coquilles

fig. 5, 6, 7). La figure 6 nous montre, grossie, une portion de la surface de la coquille privée de ses expansions foliacées. Sur la portion supérieure de la fig. 7, les pointes sont brisées tout près de leur base et, en-dessous, commencent à se souder entr'elles. La fig. 5 représente la petite valve grossie à deux diamètres et montrant à son pourtour les expansions foliacées intactes.

La forme de l'appareil brachial est non moins caractéristique : les spires, au lieu de se porter latéralement, comme dans le *Spiriferina rostrata*, se redressent et s'enfoncent sous le crochet vers le tiers de leur parcours ; elles s'évasent ensuite, s'élargissent en formant une masse arrondie et enfin s'infléchissent vers l'intérieur, tandis que dans les *Sp. pinguis* et *Hartmanni*, l'inflexion se fait en sens contraire, vers l'intérieur du crochet. Tous ces caractères nous montrent donc une espèce distincte dont les conditions d'existence étaient, de plus, différentes de celles des autres espèces habituelles, puisque je n'ai jamais vu le *Sp. rupestris* que dans les localités telles que May, Fontaine-Étoupefour, Bretteville-sur-Laize, Maltot, etc. (Calvados), Précigné (Sarthe), où le lias moyen a été déposé sur un récif plus ou moins éloigné du rivage ; d'où vient le nom de *ru-*

en état parfait de conservation, dans la magnifique série de Brachiopodes du Boulonais, rassemblée par M. Bouchard-Chanteraux : là, on voit à nu ces expansions si délicates et malheureusement si difficiles à mettre en évidence : l'une, l'*A. reticularis*, est entourée de feuillets larges et membraneux, disposés en étages réguliers suivant les lignes d'accroissement ; l'*A. spinosa*, au contraire, nous offre des expansions très-courtes qui bientôt se frangent, s'atténuent et se terminent par de longues pointes donnant à la coquille l'aspect d'un porc-épic en colère. Dans le *Spirigera pectinifera*, c'est une autre modification encore : on voit d'abord des pointes ou plutôt des baguettes qui s'aplatissent en forme de pelle à leurs extrémités, puis s'anastomosent et finissent par former une membrane unique.

pestris que j'ai donné à cette espèce nouvelle. Elle accompagne d'autres *Spiriferina* dont l'habitat paraissait être assujetti aux mêmes conditions, telles que les *Sp. ascendens, oxygona, Tessoni, Davidsoni, Deslongchampsii.* Je profiterai de cette circonstance pour annoncer que cette dernière espèce, jusqu'ici spéciale à la Normandie, vient d'être signalée en Angleterre par M. Moore, dans les environs de Bath et dans une station identique, puisque le lias moyen est, dans cette localité, déposé dans les anfractuosités de roches très-dures, constituées par des calcaires siliceux de la période carbonifère.

Hab. Lias moyen de May, Bretteville-sur-Laize, Maltot, Fontaine-Étoupefour, etc. (Calvados), où il est assez rare.

Pl. 1, fig. 3, *a, b. Spiriferina rupestris* (E. Desl.). Grandeur nat.

—	4.	— Coquille brisée sur les parties latérales, pour montrer l'appareil brachial et ses rapports avec les deux valves.
—	5.	— Petite valve grossie deux fois, offrant à son pourtour les expansions foliacées de ses épines.
—	6.	— Portion grossie du test montrant les cicatrices des épines.
—	7.	— Portion grossie montrant la naissance, la disposition des épines, leur base libre et leurs extrémités se soudant en expansions foliacées.

3°. ESPÈCES GÉNÉRALEMENT CONFONDUES SOUS LE NOM DE SPIRIFERINA ROSTRATA.

Parmi les nombreux fossiles caractéristiques invoqués le plus habituellement par les géologues pour préciser les niveaux inférieurs de la grande série jurassique, se placent en première ligne les diverses espèces du genre *Spiriferina* ; en effet, on n'en voit que peu de représentants dans les strates des périodes antérieures, et son maximum de développement a eu lieu, sans contredit, pendant le dépôt du lias moyen (1). La forme la plus répandue est celle du *Spiriferina rostrata*, décrite par Schlotheim, dès l'année 1822, sous le nom de *Terebratulites rostratus*. On a confondu depuis, avec cette espèce, une grande quantité d'autres voisines ; mais il n'est plus possible de regarder comme une seule et même les *Sp. verrucosa, pinguis, Hartmanni*, etc., que M. Davidson avait rapportés au type de Schlotheim comme simples variétés ; car elles présentent des caractères constants, extérieurs et intérieurs ; les unes occupent une place bien déterminée dans les dépôts liasiques ; les autres, au contraire, se rencontrent à plusieurs niveaux. Je crois donc qu'il ne sera pas sans intérêt de faire ici la revue de ces diverses espèces plus ou moins voisines du *Spirif. rostrata*, dont je figurerai, dans ce pre-

(1) Il est hors de doute que, jusqu'ici, on n'a rencontré aucun exemplaire authentique du genre *Spiriferina* au-dessus des couches du lias moyen ; il est à peu près certain que la couche à *Leptœna* appartient à cette série, et d'ailleurs son épaisseur est si faible qu'on peut stratigraphiquement n'en pas tenir compte. On peut donc regarder le genre *Spiriferina* comme terminant son existence dans les couches si bien caractérisées par les *Ammonites margaritatus* et *spinatus*, les grandes *Gryphæa cymbium*, les *Terebratula cornuta* et *Rhynchonella acuta*. Nulle trace de *spipriferina* n'a été rencontrée soit dans les schistes à *Possidonomya Bronni*, soit dans les couches à *Ammonites radians, bifrons*, etc. Quant aux prétendus *Spiriferina* de l'oolithe inférieure, les exemplaires que j'ai pu voir de mes yeux, sont certainement de jeunes échantillons de ces formes douteuses, que je rapporte aux *Mégerles*, ou aux *Térébratelles*, en un mot à une autre famille. Rappelons ici que, dans la première période de leur existence, tous les brachiopodes se ressemblent et ont plus ou moins la forme de spirifères. Voir ma *Note sur le développement du deltidium chez les brachiopodes articulés*, t. XIX du *Bulletin* de la Société géologique de France, p. 409, séance du 13 janvier 1862.

mier fascicule, les plus généralement répandues. Je suis, d'ailleurs, d'accord en ce point avec M. Davidson lui-même, qui a reconnu l'opportunité d'y établir plusieurs espèces.

Je ne signalerai pas ici celles des couches de Kössen, décrites par M. Süess, couches répondant au *bone-bed* et à la partie inférieure de l'*infrà-lias*, caractérisée par l'*Avicula contorta* : leur examen critique nécessiterait des types de ces coquilles que je n'ai pas à ma disposition.

Dans le lias inférieur, les espèces du genre *Spiriferina* sont peu nombreuses : nous signalerons les suivantes comme bien authentiques, et dont la détermination est certaine :

1°. *Spiriferina Walcotti*, Sow.
2°.   —   *rostrata*, Schloth.
3°.   —   *pinguis*, Ziet.

Auxquelles nous ajouterons les suivantes, des couches de Hierlatz, rapportées au lias inférieur par M. Oppel :

4°. *Spiriferina alpina*, Opp.
5°.   —   *brevirostris*, id.
6°.   —   *angulata*, id.

Le lias moyen est le véritable gisement des *Spiriferina*. Nous signalerons les suivantes :

    Spiriferina rostrata, Schloth.
        —   *pinguis*, Ziet.
7°.   —   *verrucosa*, de Buch.
8°.   —   *Hartmanni*, Zielen.
9°.   —   *adscendens*, E. Desl.
10°.   —   *rupestris*, id.
11°.   —   *Münsteri*, Dav.
12°.   —   *oxyptera*, Buv.
13°.   —   *signensis*, id.
14°.   —   *oxygona*, E.-Desl.

15°. *Spiriferina Tessoni*, Dav.
16°.   —   *Deslongchampsi*, id.
17°.   —   **Davidsoni,** Desl.

Nous pouvons y joindre les deux suivantes, appartenant à un sous-genre très-voisin :

18°. *Suessia costata*, E. Desl.
19°.   —   *imbricata*, id.

Voilà donc dix-neuf espèces que nous considérons comme bien établies. Notre objet n'est pas, ici, de les passer toutes en revue : nous nous bornerons aux n°°. 2, 3, 7, 8, 9, 10. Notons seulement que le *Spirif. lata* de M. Martin nous semble une simple variété du *Sp. Walcotti*. Quant au *Spiriferina microptera*, d'Orb. (*Prodrome*), c'est une espèce dévonienne, et non jurassique, qui n'appartient même pas au genre *Spiriferina* et doit conserver le nom de *Spirifer micropterus* (Goldf.).

SPIRIFERINA ROSTRATA, *Schl. sp.*

Pl. II, fig. 7, ... 9.

Syn. 1822. *Terebratulites rostratus* (Schloth.). *Nach. zur Petref.*, pl. XVI, fig. 4.
    1832. *Spirifer*   rostrata (Ziet.). *Die versteinerungen Würt.*, p. 38, fig. 3.
    1840. *Delthyris*   rostratus (de Buch.). *Class. et descrip. des Delthyris* (Mém. Soc. géol. de France. 1re. série, t. IV, pl. X, fig. 24).
    1843.   —   rostrata (Quenst.). *Das floëgebirge Würtemb.*, p. 186.
    1845. *Spirifer*   punctatus (Buckm.). *Geol. of Chelt.*, pl. X, fig. 7.

1847. *Spirifer*   *rostratus* (Dav.). *London. geol. Journal*, vol. I, p. 109, pl. XVIII, fig. 1, 10.

1849. —   —   (Bronn.). *Index paleont.*, p. 1181.

1851. —   —   (Dav., *pars*.). *Brit. foss. Brach.* (Pal. Soc.), p. 20 pl. II, *excel.* fig. 1...6, 13...21.

1852. —   —   (Quenst.). *Handbuch. der Petrefackt.*, p. 483, Atl., pl. XXXVIII, fig. 36-38.

1858. —   —   (Quenst.). *Der jura*, p. 182, pl. XXII, fig. 25.

Dimensions habituelles : long., 30 à 35 millim.; larg., id.; épaiss., 20 à 25 millim.

DIAG. (1). *Coquille assez grande, avec ou sans sinus et bourrelets médians correspondants. Parties latérales non marquées de plis. Crochet peu épais, très-court et très-recourbé. Aréa étroite occupant généralement le tiers de la largeur de la coquille.*

Ornements caducs extérieurs. — *Epines tubuleuses très-nombreuses, très-fines et très-déliées, ne se réunissant point en franges membraneuses* (fig. 9),

Intérieur. — *Les spires se dirigeant latéralement, sans remonter dans l'intérieur du crochet, offrent une courbure partout régulière* (fig. 8).

Obs. C'est cette forme que l'on rencontre le plus fré-

(1) Dans ce travail de révision, nous ne donnerons pas une description complète des espèces; nous nous bornerons à préciser les caractères essentiels; nous ne donnerons aussi qu'une partie de la synonymie, ne prenant ici que ce qu'il y a d'essentiel, et renvoyant, pour plus de détails, à la *Paléontologie française.*

quemment : on la voit dès le lias inférieur dans **les assises à** Gryphées arquées, où elle est rare ; on la retrouve assez nombreuse dans les couches à *Belemnites brevis* et à Gryphées arquées passant aux Cymbiennes ; mais c'est surtout dans le lias moyen qu'elle devient très-abondante, particulièrement dans les couches à *Ammonites margaritatus*, où elle présente un grand nombre de variétés. Je l'ai reçue de tous les points de la France, mais je citerai surtout les environs de Caen (Évrecy, Curcy, Landes, etc.); Milhau, dans l'Aveyron ; Avallon (Yonne), etc., etc.

Peut-être devrait-on changer le nom de *rostratus* en celui de *Sauvagesi*. En effet, à l'article TÉRÉBRATULES du *Dictionnaire des sciences naturelles*, M. de France a décrit, sous le nom de *Terebratula Sauvagesi*, l'une des espèces de Spirifères des environs de Caen qui lui avait été remise par feu M. Le Sauvage, alors professeur à l'École de médecine de Caen. Il est difficile, d'après la courte description de M. de France, de savoir si c'est à cette espèce ou à l'une des suivantes que l'on doit appliquer le nom de *Sauvagesi :* aussi je pense qu'il vaut mieux conserver le nom de *rostrata*, qui a l'avantage d'être connu de tout le monde. J'ai vu dans la collection de feu M. Le Sauvage les types de M. de France, et je dois dire que ce sont des échantillons du *Spirif. rostrata* les mieux caractérisés.

Pl. II, fig. **7.** *Spiriferina rostrata* (Schloth.). Vue de profil, grandeur naturelle.

    — **8** —   — Petite valve, avec les spires de l'appareil brachial en rapport.

    — **9** —   — Portion grossie du test montrant la forme des épines.

SPIRIFERINA HARTMANNI, *Ziet. sp.*

Pl. II, fig. 10, 11.

Syn. 1838. *Spirifer*   Hartmanni (Ziet.). *Die verst. Würtemberg.*,
            pl. XXXVIII, fig. 1.
     1843. *Delthyris*   —   (Quenst.). *Das floëgebirge Wür-*
            temb., p. 1811.
     1849. *Spiriferina*   —   (d'Orb.). *Prodrome*, p. 230, n°. 227.
     1851. *Spirifer*   *rostratus*   (Dav. *pars*). *British. foss. brach.*,
            excl., pl. II, fig. 10 ... 12.

Dimensions d'un grand échantillon : longueur, 40 millim.; largeur, 40 millim.; hauteur, 39 millim.; hauteur du crochet de la grande valve, 16 millim.

DIAG. *Coquille assez grande, avec ou sans sinus médians correspondants; parties latérales sans plis ou avec des plis très-effacés. Crochet peu épais, grand, peu recourbé ou même presque droit. Aréa très-grande, très-bien délimitée, occupant presque toute la largeur de la coquille.*

Ornements caducs extérieurs. — *Inconnus.*

Intérieur. — *Les spires se portent en haut et remontent dans l'intérieur du crochet, par une courbe continue dont la convexité est vers l'intérieur, la pointe par conséquent infléchie vers les septums* (fig. 11).

Obs. Le *Spiriferina Hartmanni* paraît spécial au lias moyen ; il est assez répandu dans les couches à *Ammonites Davœi* et *fimbriatus*, dans les mêmes localités que l'espèce précédente ; il varie aussi dans des limites très-grandes, et il est quelquefois difficile de distinguer du précédent certaines variétés dont le crochet est peu élevé; néanmoins il en diffère tellement par la forme de son appareil brachial, qu'on ne peut les considérer comme formant une seule espèce.

Pl. II, fig. 10. *Spiriferina Hartmanni* (Ziet.). Grand échantillon, de grandeur naturelle, vu de profil.

— 11 — — Échantillon dont on a enlevé une partie de la grande valve, pour faire voir la disposition des spires.

SPIRIFERINA RUPESTRIS (*E. Desl.*).

Voir la description complète de cette espèce, p. 251, pl. I, fig. 3, 7.

SPIRIFERINA ASCENDENS (*E. Desl.*).

Syn. 1852. *Spirifer rostratus* (Dav.). *A malformation (Annals and mag. of nat. histor.* April 1852, pl. XV, fig. 11.

1858. *Spiriferina ascendens* (E. Desl.). *Bullet. Soc. Linn. de Norm.*, t. III. *Mémoire sur la couche à Leptœna*, p. 165, pl. IV, fig. 7 ... 9.

Dimensions : longueur, 18 millim. ; largeur, 19 millim. ; hauteur, 28 millim.

DIAG. *Coquille presque toujours irrégulière , à sinus et bourrelets mal délimités , sans plis latéraux. Crochet de la grande valve très-grand et très-développé , ce qui donne à l'espèce des dimensions très-grandes en hauteur. Petite valve très-petite eu égard à la grande.*

Ornements caducs extérieurs. — *Inconnus. Devaient être*

*très-nombreux et très-fins, si l'on en juge par les ponctures
excessivement nombreuses et rapprochées de la surface.*

Intérieur. — *Septums très-développés. Appareil brachial
formé de 2 spires très-longues, pointues à leur extrémité,
se redressant à angle droit sur la base et se logeant dans
l'intérieur du crochet.*

Obs. Par ses formes singulières, cette espèce se distingue
nettement de toutes les autres ; son appareil brachial a une
disposition toute particulière, le moindre fragment de la
coquille est reconnaissable à ses ponctures serrées et très-
nombreuses.

Hab. Le lias moyen, mais seulement dans le voisinage des
récifs. Assez abondant à May et à Fontaine-Étoupefour
(Calvados). Pour plus de détails, voir le mémoire sur la
couche à *Leptæna*, vol. III du *Bulletin* de la Société
Linnéenne de Normandie, où cette espèce est décrite en
détail.

SPIRIFERINA PINGUIS, *Ziet. sp.*

Pl. II, fig. 1, 3.

Syn. 1837. *Spirifer*   *mesoloba* (Desl.). *M. S. Soc. Linn. de Norm.*
    1842.   —   *pinguis*(Ziet.).*Die verstein. Würtemb.*XXXVIII,
           fig. 5.
    1840. *Delthyris* *tumidus* (de Buch.). Classif. et descript. des
           Delthyris (*Mém. Société géol. de France,*
           1re. série, t. IV, pl. X, fig. 29).
    1846. *Spirifer*   *chilensis* (d'Orb. in Darw.). *South. America,*
           p. 267, pl. V, fig. 15, 16.
      —   —   *linguiferoides* (Id.). Id., p. 267, pl. V, fig.
           17, 18.

1847. *Spiriferina pinguis* (d'Orb.). *Prodrome,* p. 221, n°. 150,
    ét. siném.
—   —   *chilensis* (Id.). Id., n°. 153, id.
—   —   *linguiferoides* (Id.). Id., n°. 154 , id.
—   —   *ostiolata* (Id.). Id., p. 239, n°. 228, ét.
     liasien. Non *Delthyris ostiolata* (Ziet.); non
     D. ostiolata (Schloth.).
1850. *Spirifer*   *tumidus* (Coq. et Bayle). *Bulletin Soc. géol.*
     de France , t. VII , 2ᵉ. série , p. 235.
1851.   —   *rostratus* (Dav., *pars*). *British. fossil. bra-*
     chiop. (Pal. Soc.), p. 21, pl. II, fig. 7, 9.
1858. *Spiriferina rostrata,* var. *pinguis* (E.-Desl.). *Bulletin Soc.*
     Linn. de Norm., t. III, p. 135.
— *Spirifer*   *tumidus* (Quenst.). *Der jura,* p. 80, pl. IX,
     fig. 7.
—   —   *rostratus canaliculatus* (Quenst.). *Der jura ,*
     p. 182, pl. XXII, fig. 24.

Dimensions : longuèur, 30 millim. ; largeur, 31 millim. ; hauteur, 26 millim. ; hauteur du crochet de la grande valve, 5 millim.

DIAG. *Coquille d'assez grande taille , globuleuse, à con-tours arrondis , marquée d'un bourrelet arrondi et d'un sinus médian correspondant, plus ou moins profond , à plis latéraux nombreux, arrondis et peu saillants. Crochet de la grande valve très-recourbé. Aréa à courbure concave bien prononcée , occupant presque toute la largeur de la coquille.*

Ornements caducs extérieurs. — *Pointes petites et très-nombreuses , fines et courtes* (fig. 3).

Intérieur.— *Appareil brachial formé de 2 spires longues, redressées à 45° vers le crochet , se terminant en haut en masse globuleuse , dont l'axe s'infléchit vers l'intérieur.*

Obs. Le *Spiriferina pinguis* est, avec le *rostrata,* l'espèce

la plus répandue dans le lias : on la rencontre dès les couches
à Gryphées arquées ; mais elle est surtout abondante à la
partie inférieure du lias moyen, avec la *Ter. numismalis ;*
on la trouve encore, quoique plus rarement, dans les couches à *Amm. spinatus* et *margaritatus.* Ses formes globuleuses, ses petits plis latéraux arrondis et son crochet trèsrecourbé, sont autant de caractères qui font distinguer
cette espèce au premier abord ; la forme de son appareil
brachial se rapproche de celle du *Sp. rupestris,* mais dans
cette dernière l'axe de la spire se porte en dehors ; c'est le
contraire de la *Sp. pinguis.* On trouve souvent des échantillons avec le deltidium : tel est l'exemplaire figuré fig. 1 *a.*

Hab. Très-abondant partout, surtout dans les couches à
Terebratula numismalis.

Pl. II, fig. 1 *a, b. Spiriferina pinguis* (Ziet.). Grand. nat.

    —   2 *a.*   —   —   Valves brisées en partie, pour
faire voir l'appareil brachial.

    —   2.   —   —   Portion grossie du test adhérent à la gangue, pour
montrer la disposition des
épines.

SPIRIFERINA VERRUCOSA, *de Buch. sp.*

Pl. II, fig. 4 ... 6.

Syn. 1831. *Delthyris*   *verrucosa* (de Buch.). *Pétrifications remarq.,*
pl. VII, fig. 2.

    1838. *Spirifer*   —   (Ziet.). *Die verst. Würtemb.,* pl.
XXXVIII, fig. 2.

    1840. *Delthyris*   —   (de Buch.). *Classific. et descript. des
Delthyris (Mém. Soc. géol. de
France,* 1re. série, t. IV, pl. X,
fig. 30,*

1843. *Spirifer*   *verrucosus* (Quenst.). *D.s flœgebirge Würtemb.*, p. 185.

1849. *Spiriferina verrucosa* (d'Orb.). *Prod.*, p. 221, n°. 151.

1851. *Spirifer*   *rostratus* (Dav., pars). *British. fossil. brach.*, p. 21, pl. III, fig. 1 a, b, c.

1852.   —   *verrucosus* (Quenst.). *Handbuch der petrefak.*, p. 482, tab. 38, fig. 35, 40.

1853.   —   —   (Oppel). *Der mittlere lias schwabens*, pl. IV, fig. 6.

1856.   —   —   (Id.'. *Die jura formation*, p. 108, n°. 119.

1858. *Spiriferina*   *verrucosa* (E.-Desl.), *Bulletin Soc. Linn. de Normandie*, t. III, p. 135.

— *Spirifer verrucosus lævigatus* (Quenst.). *Der jura*, p. 152, pl. XVIII, fig. 6 et 14.

—   —   — *plicatus* (Quenst.). *Der jura*, p. 152, pl. XVIII, fig. 15.

Dimensions : longuèur, 19 millim. ; largeur, 20 millim. ; hauteur, 16 millim.

DIAG. *Coquille toujours de petite taille ; à grande valve très-élevée ; petite valve presque plane. Rarement sans plis, plus habituellement marquée de quatre à cinq plis latéraux, arrondis et d'un sinus et bourrelet médians larges, arrondis et bien définis. Le bourrelet, divisé souvent sur sa partie médiane par un sillon peu prononcé, comme dans certains spirifères paléozoïques.*

Ornements caducs extérieurs. — *Grosses épines courtes et peu nombreuses, dont les cicatrices forment des tubercules au milieu des perforations du test* (fig. 6 b.).

Intérieur. — *Spires offrant un petit nombre de tours formant deux masses coniques latérales qui s'infléchissent légèrement en formant un angle d'environ 32°.*

Obs. Par tous ses caractères, cette espèce est très-distincte et M. Davidson lui-même, dans ses derniers travaux, l'a distinguée du *Spir. rostrata.* On la reconnaît très-facilement à sa grande valve bien plus élevée que dans les autres, et surtout aux tubercules de la surface du test, dus à la cicatrice des grosses épines dont il était armé, cicatrices tellement prononcées qu'on les voit à l'aide du plus faible grossissement. Cette coquille était relativement plus épaisse, et il est très-facile, grâce à cette particularité, d'obtenir les trois septums de la grande valve, beaucoup moins fragiles que d'ordinaire. Son deltidium a une forme toute spéciale (Voir pl. II, fig. 6 *a*); il était très-petit et formait, sur les côtés, deux sortes d'ailes très-courtes; en le comparant à celui du *Spiriferina pinguis* (même planche, fig. 1 *a*), on voit combien ils diffèrent dans ces deux espèces, qui paraissent si voisines au premier abord.

Je ne puis passer sous silence un caractère remarquable qu'on observe sur quelques échantillons du *Sp. verrucosa :* quelquefois le bourrelet montre une dépression médiane sur toute sa longueur et dans le sinus de l'autre valve on observe alors un petit bourrelet correspondant. Cette disposition se montre plus développée dans un grand nombre de *Spirifères* des terrains paléozoïques, notamment dans le dévonien, le carbonifère et le permien, par exemple, dans les *Spiriferi Bouchardi* et *undulatus.* Il est curieux de retrouver, sur une des dernières espèces du genre *Spiriferina*, ce caractère revêtu, à une époque bien plus ancienne, par un genre dont les représentants paraissent n'avoir plus existé durant la période liasique.

Hab. Le *Spiriferina verrucosa* est assez abondant dans les couches du lias moyen caractérisées par la *Terebratula numismalis.* Je l'ai reçu de tous les points de la France, notamment des environs de Metz, Avallon, Besançon, Salins,

Milhau, etc. Dans la Normandie, il est aussi très-répandu à Vieux-Pont, Évrecy, Curcy, Fontenay-le-Pesnel, etc. (Calvados), à S^{te}.-Marie-du-Mont (Manche), etc., etc.

Pl. II, fig. 4 *a, b. Spiriferina verrucosa* (de Buch. *sp.*). Grand. nat.

— 5   Grande valve ouverte montrant, à son intérieur et en rapport, les spires arrachées de la petite valve.

— 6 *a*.   Grande valve grossie, vue par devant, pour montrer la forme du trou deltoïde et celle du deltidium.

— 6 *b*.   Portion grossie du test, montrant la cicatrice des grosses épines.

4°. RHYNCHONELLA FALLAX, *nov. sp.*

Pl. III, fig. 1 ... 5.

Dimensions : longueur, 15 millim., largeur, 17 millim.; épaisseur, 8 millim.

Diag. *Coquille d'assez petite taille, généralement plus large que longue, rarement plus longue que large, déprimée, marquée sur les deux valves d'un nombre variable de plis aigus plus ou moins nombreux ; divisée en trois lobes par un sinus médian large et fortement marqué. Grande valve peu bombée, montrant deux arêtes vives limitant le sinus médian. Crochet assez fort, assez aigu, très-peu recourbé. Petite valve avec un bourrelet médian correspondant au sinus de la grande valve ; ce bourrelet offrant généralement de cinq à sept plis aigus, quelquefois davantage. Dépression très-marquée vers le crochet de la petite valve, donnant à l'ensemble de la coquille une forme comme écrasée.*

Intérieur. — *Rien de particulier à noter.*
Couleur. -- *Inconnue.*

Obs. Cette espèce se rapproche beaucoup de la *Rhynch. variabilis;* elle en diffère surtout par la dépression de sa petite valve, par ses plis plus nombreux, plus carénés, la forme très-arrêtée du sinus médian de la grande valve, et enfin par sa taille plus petite. Elle éprouve, du reste, comme la *Rhynch. variabilis,* des variations très-grandes : quelquefois elle est tout-à-fait triangulaire; dans d'autres circonstances, les plis du bourrelet médian sont rapprochés en une sorte de faisceau. J'ai figuré seulement trois formes de cette espèce, mais on peut regarder comme typique l'échantillon fig. 1 *a, b, c, d.*

Hab. Cette espèce est très-abondante dans le lias moyen, à May et à Bretteville-sur-Laize (Calvados); elle était beaucoup plus rare à Fontaine-Étoupefour. Du reste, je ne l'ai jamais rencontrée que dans le voisinage des récifs de grès silurien.

Pl. III, fig. 1 *a, b, c, d. Rhynchonella fallax* (E.-Desl.). Type , grandeur naturelle.

— 2 *a, b.* Même échantillon, grossi.

— 3. Variété longue et renflée, grand. nat.

— 4. La même, grossie.

— 5. Grand échantillon offrant un nombre de plis considérable, grand. nat. Forme très-peu répandue.

5ᵉ. CRANIA GUMBERTI, *nov. sp.*

Pl. III, fig. 6 ... 10.

Dimensions : longueur, 17 millim.; largeur, 20 millim.; hauteur de la petite valve, 6 millim.

DIAG. *Petite valve ou valve supérieure seule connue, plus large que longue, à peu près carrée, à angles arrondis, très-irrégulière, formant une sorte de pyramide à quatre pans très-surbaissée. Sommet assez aigu, acuminé, situé vers le tiers postérieur de la coquille. Surface fortement squammeuse et imbriquée, et même étagée, dans les échantillons parfaits, divisée d'une façon très-irrégulière par des sillons rayonnants partant du sommet, ce qui forme une surface très-accidentée.*

Intérieur. — *Impressions des muscles adducteurs très-prononcées ; les adducteurs antérieurs réniformes, subcentraux ; les adducteurs postérieurs très-grands, ovalaires. Impressions vasculaires mal définies. Biseau extérieur peu prononcé, non granulé.*

Obs. Cette belle espèce se rencontre dans les couches à Gastéropodes du lias moyen à May (Calvados), où elle est rare.

Pl. 3, fig. 6 *a, b. Crania Gumberti* (E.-D.). Petite valve, vue en-dessus
      et de profil.
—   7   Échantillon difforme, grandeur naturelle.
—   8   Échantillon en parfait état, montrant les ornements
                 squammeux.
—   9   Le même échantillon, grossi.
—   10   Intérieur grossi du plus grand échantillon connu.
                 Un trait vertical indique ses dimensions.

6°. DISCINA BABEANA, *d'Orb. sp.*

Pl. IV, fig. 1 ... 4.

Syn. *Orbiculoidea Babeana* (d'Orb.). *Prodrome*, p. 224, n°. 161.

Dimensions : longueur, 36 millim. ; largeur, 36 millim. ;
             hauteur, 17 millim.

Diag. *Coquille subcirculaire, légèrement irrégulière,*

*à test papyracé. Grande valve subconique. Crochet obtus,
situé à peu de distance du bord postérieur, assez recourbé.
Surface légèrement onduleuse, ornée de très-nombreuses
stries circulaires, superficielles et parallèles aux lignes d'accroissement. Petite valve (1) plane ou concave, avec une
dépression plus ou moins grande correspondant au sommet
de la grande valve. Entre cette dépression et le bord postérieur, un trou ovalaire pour le passage du pédoncule d'attache; stries circulaires superficielles très-nombreuses, parallèles aux lignes d'accroissement.*

Couleur. — *Blanc-rosé*, **un peu violâtre.**

Obs. Cette magnifique coquille ressemble beaucoup à la
Discina Townshendi (Forbes), figurée par M. Davidson dans
son grand ouvrage, *British fossil brachiopoda*, pl. I, fig. 2 *a,
b.* Dans sa description, p. 9, M. Davidson n'est pas certain
de son origine, et il suppose qu'elle provenait de couches
oxfordiennes; depuis cette époque, mon savant ami a pu s'assurer qu'elle appartenait aux couches les plus inférieures du
lias : ce serait donc à peu près la station de la *Discina Babeana.* Quoi qu'il en soit, la *Discina Townshendi* ne paraît
pas identique avec la nôtre; en effet, la grande valve est
beaucoup plus régulière, les nombreuses stries de la surface
n'existent pas, enfin le crochet est beaucoup plus rapproché
du bord postérieur et n'offre pas le léger ressaut qu'on observe dans la *Discina Babeana.* Ces différences sont, comme
on le voit, bien légères, mais nous devons rappeler ici que

(1) Dans les figures 3 et 4, la petite valve est vue par l'intérieur : il
faut donc, par la pensée, pour se rendre compte de la forme externe,
interpréter en creux les reliefs indiqués, le test papyracé offrant à l'intérieur la forme exacte d'une empreinte de la surface extérieure.

les Discines se ressemblent toutes à tel point que les caractères les plus minutieux doivent être employés pour séparer les espèces. M. d'Orbigny avait donné, dans son *Prodrome*, une très-courte description de notre coquille, et l'avait dédiée à M. Babeau, de Langres. Comme elle n'avait pas été figurée, j'ai pensé qu'il était bon de compléter l'étude de cette magnifique coquille, la plus belle que nous possédions de la période jurassique. J'ai figuré ici des exemplaires en parfait état qui m'ont été donnés par M. Babeau lui-même, on peut donc y avoir toute confiance : c'est bien l'espèce décrite dans le *Prodrome*. Je profite de cette occasion pour remercier ici M. Babeau, de la complaisance si aimable avec laquelle il a mis à ma disposition les matériaux de sa riche collection, collationnés avec grand soin, et dont les niveaux géologiques ont été observés avec la plus grande exactitude.

Hab. Environs de Langres (Haute-Marne), dans les grès les plus inférieurs de la série de l'infrà-lias, correspondant aux couches à *Avicula contorta.*

Pl. 1 *a. Discina Babeana* (d'Orb. *sp.*). Grande valve, de grandeur naturelle

1 *b.* — — Même échantillon, de profil.

2 — — Très-grand échantillon, de profil.

3 *a.* — — Petite valve d'un très-grand échantillon, vue par l'extérieur.

3 *b.* — — La même, vue de profil.

4 *a, b.* — — Petite valve d'un autre échantillon, vue aussi par sa face interne, de face et de profil.

7°. LINGULA METENSIS, *Terq.*

Pl. IV, fig. 5, 6.

Syn. 1850. *Lingula Metensis* (Terquem). Observations sur quelques espèces de Lingules (*Bulletin Soc. géol. de France,* t. VIII, 2e. série, pl. I, fig. 10.

1855. — — *Paléontologie de la Moselle,* p. 15.

Dimensions : longueur, 10 millim.; largeur, 3 millim.

DIAG. *Coquille très-allongée, subellipsoïde, très-aplatie; crochet formant un angle très-aigu; lignes latérales formant une courbe à très-grand rayon qui se continue avec la ligne frontale par une courbe régulière. Ligne frontale très-arrondie, non échancrée. Test très-mince, lisse et brillant, offrant des lignes d'accroissement très-nombreuses, mais à peine indiquées.*

Couleur. — *Cornée.*

Obs. M. Terquem avait déjà décrit cette espèce, ainsi que deux autres, dans le *Bulletin* de la Société géologique de France, et je m'étonne que personne, sauf M. Dewalque, n'ait cité ce travail du bon et vénérable paléontologiste de Metz. En figurant ici de nouveau deux des espèces de M. Terquem, j'ai eu surtout pour but de rappeler ce petit travail consciencieux. La forme de cette espèce et l'ensemble régulier des courbes qui la limitent suffisent pour faire facilement distinguer la *Lingula Metensis* des autres lingules jurassiques.

Hab. Suivant M. Terquem « dans la carrière qui domine « le village de la Vallière, près de Metz, où elle caractérise

« les derniers lits du calcaire à gryphées arquées, elle est
« disséminée, les deux valves réunies dans une position
« perpendiculaire à la direction des couches. » Je citerai
comme autres localités, St.-Côme-du-Mont (Manche) et Os-
manville (Calvados), également dans le lias inférieur à gryphées arquées, où elle est très-rare.

Pl. IV, fig. 5, *Lingula Metensis* (Terq.). Grandeur naturelle. Échantillon provenant de St.-Côme-du-
Mont.

—   6 *a, b,*   —   Le même , grossi.

8° LINGULA VOLTZI, *Terq.*

Pl. IV, fig. 7 et 8.

Syn. 1850. *Lingula Voltzi* (Terq.). Observation sur quelques espèces
de lingules (*Bulletin Soc. géol. de France,*
t. VIII, 2ᵉ. série, pl. I, fig. 2.
1855.   —   —   (Terq.) *Paléontologie de la Moselle.*
1853.   —   —   (Chap. et Dewalque). *Description des
fossiles second. du Luxembourg,* p. 234.

Dimensions : longueur, 13 millim.; largeur, 6 millim.

DIAG. *Coquille allongée, très-aplatie ; crochet formant
un angle assez aigu; lignes latérales presque droites, à peine
infléchies, reliées à la ligne frontale par une courbe très-
brusque, ce qui donne un front presque coupé carrément
sur les côtés. Ligne frontale légèrement arrondie, non
échancrée. Test très-mince, lisse et brillant, offrant des
lignes d'accroissement assez nombreuses et bien marquées.
Différence assez grande entre les crochets des deux
valves, celui de la grande très-aigu, celui de la petite plus
court et peu aigu.*

Couleur. — *Noir foncé, brunâtre ou bleuâtre.*

Intérieur.— *Rien de particulier. Impressions très-visibles.*

Obs. Cette espèce paraît être en nombre immense dans un calcaire un peu gréseux appartenant au lias moyen de la Moselle et répondant, suivant M. Terquem, aux couches à *Ammonites Davæi.* Si MM. Voltz et Davidson ont confondu cette espèce avec la *Lingula Beani* qui en est très-distincte, surtout par sa grande taille, M. Terquem a parfaitement établi cette séparation dans le petit travail cité plus haut. Au reste, il est bien permis de se tromper sur les Lingules, car ce sont des coquilles d'une difficulté extrême à étudier. Toutes se ressemblent, et depuis le silurien inférieur jusqu'à l'époque actuelle, il n'y a guère qu'une seule forme légèrement modifiée et dont les seules différences appréciables consistent en légères variantes dans la courbure du bord des valves. J'ai figuré cette coquille d'après des échantillons répandus sur une magnifique plaque envoyée par M. Terquem.

Pl. IV, fig. 7, *Lingula Voltzi* (Terq.). Grandeur naturelle.
 — 8 *a, b.* — Gande valve grossie, vue par l'extérieur et l'intérieur.
 — 8 *c.* — Deux valves en rapport, grossies.
 — 8 *d, e.* — Petite valve grossie, vue par l'intérieur et l'extérieur.

II.—ESPÈCES DU SYSTÈME OOLITHIQUE INFÉRIEUR

9°. TEREBRATULA FERRYI, *E. Desl.*

Pl. V, fig. 1... 4.

Syn. 1860. *Terebratula Ferryi* (E.-Desl.). In Ferry (*Mémoires de la Soc. Linn. de Normandie,* t. XII, Note sur l'étage Bajocien des environs de Mâcon, p. 35.

Dimensions : longueur, 27 millim. ; largeur, 22 milim.

DIAG. (1) *Espèce voisine de la Terebratula globata , mais plus raccourcie, très-large à la région frontale. Plis écartés, très-peu prononcés sur la grande valve , très-forts au contraire sur la petite , formant par leur écartement un sinus profond, le plus souvent marqué de plis accessoires, 1, 2, 3, 4 , et même quelquefois 5, ce qui donne au front un aspect frangé tout particulier. Crochet de la grande valve court et renflé.*

Couleur. — *Rouge foncé.*
Intérieur. — *Inconnu.*

Obs. L'écartement des plis frontaux distingue nettement cette espèce de la *Ter. globata* où ces mêmes plis sont, au contraire, très-rapprochés ; elle ressemble beaucoup aussi à la variété *excavata* d'une espèce très-commune dans l'oxfordien inférieur, *Ter. dorsoplicata.* J'ai déjà eu l'occasion de citer, pour cette variété *excavata,* une forme accidentelle où le bord frontal est aussi frangé; mais c'est alors une exception très-rare, tandis que cette disposition est pour ainsi dire typique dans la *Ter. Ferryi.* On distinguera d'ailleurs facilement cette dernière, en ce que les plis accessoires sont très-aigus. C'est donc une bonne et très-belle espèce bien caractérisée dont je dois la connaissance à mon excellent ami, M. de Ferry, géologue ardent et infatigable, au zèle duquel nous devons, en grande partie, la formation du Comité de la *Paléontologie française :* qu'il veuille bien accueillir la dédicace de cette espèce, comme un témoignage d'affection et d'estime pour ses constantes et consciencieuses recherches.

(1) Je transcris ici à peu près textuellement la description que j'avais communiquée à M. de Ferry.

Hab. La partie supérieure de l'oolithe inférieure, caractérisée principalement par le *Collyrites ringens.* Cette espèce est très-abondante dans tout l'est de la France, dans la Moselle, la Haute-Marne, l'Yonne, Saône-et-Loire, etc. Par contre, je n'en connais pas un seul échantillon de la partie occidentale du bassin où elle paraît ne pas s'être développée.

Pl. V, fig. 1 *a, b, c. Terebratula Ferryi* (Desl.). Grandeur naturelle.
Milly (Saône-et-Loire). Type.

—	2, 3.	—	—	Variétés.
—	4.	—	—	Variété à un seul pli au sinus.

10°. RHYNCHONELLA PARVULA, *E. Desl.*

Pl. V, fig. 5 et 6.

Syn. 1860, *Rhynchonella parvula* (E. Desl.). In Ferry, *Mém. Soc. Linn. de Norm.*, t. XII, Note sur l'étage bajocien des environs de Mâcon, p. 22.

Dimensions : longueur, 12 millim. ; largeur, 14 millim. ; épaisseur,
5 millim.

Diag. *Coquille petite, plus large que longue, déprimée, de forme très-élégante, marquée d'un petit nombre (9 génér[nt].) de plis carrés, séparés par de larges intervalles, et s'étendant depuis le crochet jusqu'au front. Un lobe médian relevé sur la partie médiane de la petite valve ; ce lobe, marqué de 2, 3 ou 4 plis semblables aux autres. Front légèrement ondulé par le sinus médian. Crochet presque droit, assez grand.*

Obs. Cette jolie petite espèce se rencontre, quoique assez rare, dans plusieurs localités. M. de Ferry m'en a adressé des échantillons provenant de l'oolithe inférieure de Milly (Saône-et-Loire), où elle habitait au milieu des gros polypiers si abondants à cette époque dans l'est de la France et particulièrement au milieu des Cladophyllies. Je l'ai également recueillie, avec M. Triger, dans l'oolithe inférieure de Conlies (Sarthe), où elle est assez rare ; elle vient d'être recueillie tout dernièrement, par M. Hébert, dans l'oolithe inférieure d'Argenton (Indre).

Pl. V, fig. 5, *a, b, c. Rhynchonella parvula* (E. Desl.). Échantillon de grand. nat. provenant de l'oolithe inf. de Milly (Saône-et-Loire).

— fig. 6, — — Le même échantillon, grossi.

11°. RHYNCHONELLA FRONTALIS, *E. Desl.*

Pl. V, fig. 7, 8.

Dimensions : longueur, 9 millim. ; largeur, 10 millim. ; épaisseur, 8 millim.

DIAG. *Coquille petite, à peu près aussi large que longue, très-globuleuse, lisse sur presque toute la surface de ses valves, marquée sur les régions frontale et latérale d'une étroite bordure de plis anguleux en nombre variable. Un lobe médian ne prenant naissance que vers le quart antérieur de la coquille. Grande valve assez élevée, surtout au milieu, s'abaissant fortement vers le crochet, où elle est marquée d'une sorte de carène longitudinale obtuse. Petite valve offrant vers le crochet une légère dépression longitudinale, correspondant à la partie carénée de la grande valve.*

Couleur. — *Gris plombé.*

Obs. La *Rhync. frontalis* ressemble un peu aux *Rhync. Thurmanni*, *oolithica* et surtout *funiculata* ; elle en diffère surtout par sa très-petite taille, sa forme plus globuleuse et par la dépression de sa petite valve, beaucoup plus marquée. Elle est rare et je ne la connais encore que des départements de la Sarthe et du Calvados. J'en ai recueilli quatre échantillons seulement dans la couche à *Amm. primordialis :* un à Fontenay-le-Marmion, un autre à Clinchamps, les deux derniers à Fontaine-Étoupefour ; mais il est très-probable qu'elle existe dans beaucoup d'autres localités où elle aura, grâce à sa petite taille, échappé aux recherches.

Pl. V, fig. 7. *Rhynchonella frontalis* (E. Desl.). Grandeur naturelle. Échantillon de Clinchamps.

— fig. 8 *a, b, c.* — Le même échantillon, grossi.

12°. RHYNCHONELLA QUADRIPLICATA , *Ziet.*

Pl. V, fig. 9 , 10.

Je ne décrirai pas ici cette espèce, dont on trouvera la diagnose et la synonymie complètes dans mon Catalogue descriptif des Brachiopodes du système oolithique inférieur de la Normandie, 2°. vol., *Bulletin Soc. Linn. de Normandie,* p. 362 ; ce serait un double emploi inutile. Je l'ai figurée ici comme gisement nouveau ; en effet, l'échantillon représenté fig. 9 *a, b, c,* provient de la mâlière, c'est-à-dire des couches à *Amm. Murchisonæ , concavus* et *Tereb. perovalis* de Fontaine-Étoupefour (Calvados). L'échantillon, fig. 10, est d'une couche plus inférieure encore : il provient d'Argueil, dans les environs de Besançon, où je l'ai recueilli moi-même, lors de la réunion extraordinaire de la Soc. géolog., dans la couche à fucoïdes qui sert de base au calcaire à entroques.

Une partie du calcaire à entroques de cette localité, caractérisée par le *Pecten personatus,* représente la mâlière ; par conséquent la couche argileuse à fucoïdes qui lui sert de base ne peut représenter que les couches à *Ammonites primordialis,* puisqu'elle repose elle-même sur des couches argileuses à **Amm.** *radians* , appartenant de toute évidence au lias supérieur. On voit donc que la *Rhynchonella quadriplicata* se retrouve , quoique toujours en petit nombre, dans toute la série des couches de l'oolithe inférieure telle que je la comprends.

Pl. V, fig. 9 *a*, *b*, *c. Rhynchonella quadriplicata* (Ziet.). Échantillon de grand. nat. provenant de la mâlière.

— fig. 10. — Échantillon provenant d'Argueil, près Besançon (Doubs) , dans l'argile à fucoïdes.

III.— ESPÈCES DES SYSTÈMES OOLITHIQUE MOYEN ET SUPÉRIEUR.

13°. TEREBRATULA (*Waldhcimia*) LEYMERI, *Cott.*

Pl. VI, fig. 1... 3.

Syn. 1847. *Terebratula carinata* (Leym.). *Statist. géol. et minér. de l'Aube,* pl. X, fig. 5 ; non *Tereb. carinata* (Lamk.).

1856. — *Leymeri* (Cotteau). *Études sur les mollusques fossiles du départ. de l'Yonne,* p. 138.

1859. — *Kimmeridgiensis* (Eug. Desl.). *Bull. Soc. Linn. de Norm.,* t. IV, p. 75.

— *carinata* de la plupart des auteurs de notices géologiques. La véritable *carinata* de Lamark appartient à l'oolithe inférieure.

Dimensions : longueur, 18 millim. ; largeur, 13 millim. ; épaisseur, 9 millim.

Diag. *Coquille plus longue que large, complètement lisse et sans inflexions, assez large à la partie médiane . s'atténuant vers le bord frontal , qui est légèrement tronqué. Grande valve très-bombée , fortement relevée sur une ligne*

*longitudinale, à courbure régulière s'étendant du crochet
jusqu'au front. Crochet recourbé, fortement caréné sur les
côtés. Foramen petit. Petite valve plane ou très-légèrement
convexe, offrant souvent, sur la ligne médiane, une dépression très-légère.*

Couleur. — *Inconnue.*
Intérieur. — *Inconnu.*

Obs. Cette espèce a été citée si souvent par les géologues.
sous le nom de *Terebratula carinata*, que ce nom a presque
prévalu ; il faut, toutefois, le rejeter, puisque Lamarck avait.
bien antérieurement à M. Leymerie, nommé *carinata* une
espèce de l'oolithe inférieure qui est très-différente de celle-
ci. M. Cotteau, frappé de cet inconvénient, a changé ce
nom de *carinata* en *Leymeri*, qui doit lui rester ; j'avais
moi-même, ne me rappelant plus cette circonstance, proposé
le nom de *kimmeridgiensis*, qui devra être relégué dans la
synonymie ; ce nom avait, d'ailleurs, l'inconvénient d'être
très-long et de représenter à l'esprit une idée erronée ; en
effet, la *Tereb. Leymeri* n'est pas cantonnée dans le kimmeridge-clay, comme je le supposais en 1859. Au contraire,
sa distribution géologique est très-large, puisqu'on la trouve
à la fois dans le coral-rag, le kimmeridgien et le portlandien.

La *Ter. Leymeri* ressemble un peu à la *Ter. impressa*
(de Buch.), caractérisant l'oxfordien moyen ; elle en diffère
en ce que cette dernière offre constamment une large dépression médiane sur sa petite valve ; la *Ter. bucculenta* s'en
distinguera facilement aussi, la petite valve étant beaucoup
plus bombée.

Hab. Excessivement abondante dans certaines couches du
kimmeridge-clay, La Hève, pays de Bray, Yonne, Doubs,
Haute-Saône, etc., etc. On la rencontre également dans
certaines couches du coral-rag, à Tonnerre (Yonne), où ell;

3

est rare , dans le Boulonais, où elle est assez abondante. Enfin, je l'ai encore recueillie dans les couches portlandiennes des environs de Gray (Haute-Saône), dont je possède une très-belle série de variétés qui m'a été donnée par M. de Fromentel.

Pl. VI , fig. 1 *a, b. Terebratula (Waldheimia) Leymeri* (Cott.). Portlandien du pays de Bray,
— 2. — Variété très-large. Kimmeridgien, La Hève.
— 3 *a, b, c.* — Coral-rag du Boulonais.

14. TEREBRATULA *(Terebratulina)* DISCULUS, *E. Desl.*

Pl. VI , fig. 7 ... 9.

Dimensions : longueur, 8 millim. ; largeur, 7 millim. ; épaisseur, 2 millim.

DIAG. *Coquille très-petite, presque circulaire , à front très-légèrement excavé. Surface ornée de lignes rayonnantes très-fines et très-nombreuses. Grande valve régulièrement convexe , petite valve entièrement plane ou légèrement concave. Ligne cardinale droite , sans oreillettes latérales. Foramen circulaire , assez grand , partiellement complété en-dessous par le deltidium.*

Couleur. — *Inconnue.*
Intérieur. — *Inconnu.*

Obs. Cette jolie petite coquille est tellement voisine de la *Ter. hemisphærica* de la grande oolithe, qu'on a peine à l'en distinguer, les stries plus fines et le front très-légèrement échancré sont les seuls caractères qui puissent les différencier. Elle ressemble moins à la *Ter. substriata ,* avec laquelle on l'a quelquefois confondue. On pourrait prendre, pour des térébratulines voisines de cette espèce, des rhynchonelles très-jeunes dont le deltidium n'est pas encore fermé : tel est l'échantillon représenté fig. 4 *a, b*, de grandeur naturelle. Il est à peu près impossible de dire à quelle espèce appartient cette jeune coquille, qui a été recueillie à Tonnerre par M. Munier. En regardant de très-près, à l'aide d'un fort grossissement, on voit que le test n'est pas perforé comme chez les térébratules, et en comparant la fig. 6 , qui représente une portion très-grossie de la coquille de Tonnerre, à la fig. 7, offrant une portion correspondante du test de la *Ter. disculus*, on pourra facilement se rendre compte de l'aspect des deux coquilles qui n'appartiennent, comme on le voit, ni au même genre, ni à la même famille, bien qu'au premier abord leur aspect soit très-semblable.

Hab. La *Terebratulina disculus* est abondante à Écommoy (Sarthe), dans l'oxfordien supérieur, où elle accompagne le *Megerlea pectunculus*.

Pl. VI, fig. 7. *Terebratulina disculus* (E. Desl.). Grand. nat. Vue de profil. Oxfordien supérieur. Écommoy (Sarthe).
—   8.   —   — La même, grossie.
—   9.   —   — Portion très-grossie du test.

15°. THECIDEA GUÉRANGERI , *E. Desl.*

Pl. VI , fig. 10 , 11.

Dimensions : longueur, 2 millim. ; largeur, id.

DIAG. *Coquille très-petite , cordiforme. Surface d'adhérence occupant un quart environ de la grande valve.*

Intérieur. — *Appareil brachial imparfaitement connu, offrant une seule digitation dont la partie antérieure, qui est très-large, est seule connue. Appareil palléal formant 2 oreillettes massives, dont les moyens d'union sont inconnus. Biseau latéro-frontal très-développé, marqué de forts sillons longitudinaux, irréguliers.*

Hab. Oxfordien supérieur, à Écommoy (Sarthe).

Pl. VI, fig. 10. *Theridea Guerangeri* (E. Desl.). Coquille entière, grossie.

— 11. — — La petite valve vue par l'ex-térieur, également grossie.

16°. DISCINA HUMPHRIESIANA, *Sow. sp.*

Pl. VI, fig. 12, 14.

Syn. 1829. *Orbicula Humphriesiana* (Sow.). *Miner. conch.*, vol. VI, p. 5, pl. DVI, fig. 2.

1843. — — (Morris). *Catalogue of. brit. fossils.*

1849. — — (Brown). *Index paléont.*, p. 847.

1851. — — (Dav.). *Brit. fossil. brachiopod.*, part I. *Jurass. spec.*, p. 10, pl. I, fig. 3 *a, b.*

1852. *Orbiculoidea* — (d'Orb.). *Prod.*, n°. 181. Étage kimmeridgien.

Dimensions : longueur, 10 millim. ; largeur, 8 millim. ; hauteur, 3 1/2 millim.

Diag. *Coquille subcirculaire, à test très-mince. Grande valve patelliforme, à sommet subcentral pointu, acuminé, ornée d'un très-grand nombre de stries rayonnantes irré-gulières, dont quelques-unes sont dichotomes. Petite valve*

*concave (convexe dans la figure, parce qu'on la voit par
l'intérieur), ornée de stries nombreuses, assez régulières,
parallèles aux lignes d'accroissement. Foramen en forme
de fente ovalaire bordée de deux grosses lèvres.*

Couleur. — *Probablement noir profond.*

Obs. Cette jolie espèce n'avait encore été recueillie qu'en
Angleterre, et l'on ne connaissait que la valve patelloïde
ou grande valve. J'en ai retrouvé, dans l'argile de kimmeridge
à Hennequeville, près Trouville (Calvados), fixé sur un
Ostrea deltoïdea, un seul échantillon que j'ai pu isoler, ce
qui m'a permis de décrire la petite valve encore inconnue.

Hab. L'argile de kimmeridge-Shotover, Oxon (Angleterre).
Trouville (Calvados), où elle est très-rare.

17°. LINGULA OXFORDIANA, *d'Orb.*

Pl. VI, fig. 15, 16.

Syn. 1852. *Lingula oxfordiana* (d'Orb.). *Prodrome,* p. 375, n°. 455.
Étage oxfordien.

Dimensions : longueur, 30 millim. ; largeur, 21 millim. ; épaisseur,
7 millim.

L'échantillon figuré ici est le type même de la collection
d'Orbigny, qui lui a servi pour l'établissement de l'espèce.
Cet échantillon étant assez mal conservé, je ne puis donner
une diagnose complète : je transcrirai donc simplement la
courte description du *Prodrome :*

*Grande espèce, presque carrée, tronquée sur la région
palléale, obtuse du côté opposé, fortement marquée de stries
concentriques.*

Obs. Je n'ai pas eu connaissance qu'on ait rencontré d'autres échantillons que celui de la collection d'Orbigny ; mais, comme les Lingules habitent généralement en société, il est de toute probabilité que cette espèce doit se retrouver en nombre plus ou moins considérable. Tous mes efforts ont été vains jusqu'ici pour en retrouver d'autres exemplaires au moyen desquels on pourrait donner une description complète. J'engage de nouveau les géologues observant les environs de Nantua de la rechercher minutieusement, cette magnifique espèce ne pouvant raisonnablement demeurer toujours veuve d'une bonne description faite d'après des échantillons parfaits.

Hab. Oxfordien des environs de Nantua. Dans un calcaire marneux très-dur, gris de fumée, indiqué dans la collection d'Orbigny comme provenant de la localité *Lagrange-La-praille-de-Charnix*, près Nantua. Avis aux chercheurs.

Pl. VI, fig. 15, *a, b, c. Lingula oxfordiana* (d'Orb.). Grandeur nat.
— fig. 16.　　　—　　—　　— Portion grossie.

IV. — ESPÈCES DES TERRAINS CRÉTACÉS.

18°. TEREBRATULA (*Terebratulina*) CLEMENTI, *Coq.*

Pl. VII, fig. 1, 3, 3, 4.

Syn. 1859. *Terebratula Clementi* (H. Coq.). *Bulletin Soc. géol. de France*, t. XVI, 2ᵉ. série, p. 1013.
1860.　　—　　　— Synopsis des animaux et des végétaux fossiles observés dans les formations secondaires de la Charente, de la Charente-Inférieure et de la Dordogne, p. 123.

Dimensions : longueur, 29 millim. ; largeur, 24 millim. ; épaisseur, 14 millim.

DIAG. *Coquille ovalaire, lisse en arrière, frangée, en*

*avant et sur les côtés, de plis arrondis plus ou moins nom-
breux s'étendant sur presque la moitié des valves. Front
ondulé, offrant un large sinus sur la grande valve et un
lobe correspondant sur la petite. Toute la surface de la coquille ornée de très-fines stries rayonnantes peu apparentes,
s'étendant du crochet jusqu'au front et surtout visibles vers
le crochet. Grande valve régulièrement convexe, à crochet
peu recourbé, atténué, tronqué par un foramen circulaire.
Deltidium large et évasé. Petite valve régulièrement convexe, à crochet peu recourbé, garni sur les côtés de deux
oreillettes très-petites et cependant très-limitées par deux
petites gouttières qui les séparent du crochet.*

Intérieur. — *Inconnu.*

Obs. Cette belle coquille a été décrite par M. Coquand,
mais non figurée ; c'est une espèce fort distincte des autres
Térébratulines par sa bordure de plis frangés qui lui donne
un aspect fort élégant, rappelant les *Ter. dorsata* et *fimbria.*
Il est à noter ici que cette ornementation se répète dans trois
sections bien différentes : la *Ter. dorsata* appartenant à la
section *Waldheimia,* la *fimbria* aux Térébratules proprement
dites, et là *Clementi* à la section *Terebratulina.* Ce caractère
de gros plis latéraux semblerait isoler complètement cette
espèce au milieu des autres qui montrent habituellement une
surface régulière, simplement striée, du crochet jusqu'au
front, par une multitude de petits plis très-réguliers ; en effet,
lorsqu'on cite une térébratuline, l'esprit se reporte aussitôt
à la forme si nette et si élégante de la *Terebratulina caput
serpentis ;* mais, lorsqu'on y regarde de plus près, on voit
que la *Tereb. Clementi* offre tous les caractères habituels,
les oreillettes de la petite valve et jusqu'aux fines stries
rayonnantes ; aussi, je suis étonné que M. Coquand ait omis

dans sa description, ces caractères si importants et donné cette espèce comme une vraie térébratule.

La *Tereb. echinulata*, magnifique coquille de la craie de la Touraine (1), nous montre d'ailleurs un passage manifeste de la forme habituelle à celle de notre *Ter. Clementi*. Pour mieux faire saisir ces rapports, j'ai figuré pl. VII, fig. 1 et 2, un très-bel exemplaire de la *Tereb. echinulata* qui m'a été donné par M. Triger; on voit que déjà la région frontale (fig. 16) se frange légèrement; sur d'autres échantillons de la collection de la Sorbonne et recueillis par M. Hébert, ces plis accessoires sont un peu plus prononcés; enfin, comme dernier caractère, les stries rayonnantes sont ici bien manifestes, et on ne peut méconnaître dans la *Ter. echinulata* les rudiments d'une ornementation qui rend si élégantes les *Ter. caput-serpentis*, *striatula*, *Defrancii*, etc., etc. J'espère donc que ces quelques observations suffiront pour bien mettre en relief les caractères de la *Terebratulina Clementi*, l'une des plus belles et malheureusement des plus rares coquilles de nos terrains crétacés.

Hab. Partie supérieure de la craie du S.-O., étage campanien (Coquand), à Aubeterre (Charente).

Pl. VII, fig. 3 *a*, *b*. *Terebratula* (*Terebratulina*) *Clementi* (Coq.). Grand. nat. Échantillon recueilli par M. Hébert (collection de la Sorbonne).

— fig. 4 *a*, *b*. — Crochet de la grande valve, de face et de profil, grossi.

(1) Et, par parenthèse, assez mal figurée dans la *Paléontologie française*, pl. DIII, fig. 7, 11.

19°. ARGIOPE PES ANSERIS , *nov. sp*.

Pl. VII, fig. 5, 6.

Dimensions : longueur, 6 millim. ; largeur, 10 millim. ; épaisseur,
3 millim.

DIAG. *Coquille petite, bien plus large que longue, pro-
longée sur les côtés en deux ailes suivant la ligne cardinale.
Surface ornée de gros plis arrondis et noduleux se correspondant sur les deux valves, séparés par de larges sillons
très-profonds. Commissure des valves rendue fortement
flexueuse par le prolongement des plis. Grande valve un
peu déprimée ; petite valve peu convexe ; aréa très-grande,
percée en son centre d'un large foramen montrant sur les
côtés des traces d'un deltidium rudimentaire. Ce foramen
laisse voir à l'intérieur la callosité déterminée par le repli
du bulbe pédonculaire et caractéristique de la famille des
Térébratulidées.*

Couleur. — *Inconnue.*

Intérieur (grande valve). — *Six dépressions rayonnantes
correspondant aux plis de la surface, avec des enfoncements
arrondis répondant aux nodosités des plis ; septum médian
mince divisant la cavité en deux loges. —* Petite valve. *Six
dépressions semblables et correspondant à celles de la grande
valve. Un septum médian massif correspondant à celui de
la grande valve, divise en deux portions l'appareil brachial
formé de deux lamelles arquées ; à leur naissance, deux
pointes convergentes très-développées. Plateau cardinal
large, offrant des empreintes musculaires confuses.*

Obs. Cette espèce diffère des *Arg.* unciformis et depressa

figurées par d'Orbigny, surtout en ce qu'elle **ne présente**
qu'un seul septum au lieu de trois ; elle se rapprocherait
davantage des *Arg. decemcostata*, *bilocularis* et autres de la
craie supérieure ; mais les plis sont, dans notre coquille,
beaucoup plus prononcés ; en un mot, les contours sont bien
plus anguleux que dans les autres espèces connues. Je dois à
M. Munier le magnifique exemplaire figuré ici ; M. Munier,
avec une grande patience, couronnée par le succès, a dégagé
l'extérieur des deux valves et est parvenu à mettre très-net-
tement tous les caractères en évidence. Je profite de cette
occasion pour le remercier des nombreuses pièces d'organisation intérieure de brachiopodes, préparées avec le plus
grand soin, qu'il m'a communiquées.

Hab. Craie blanche de Meudon. Un seul exemplaire
trouvé par M. Munier.

Pl. VII, fig. 5 *a, b, c. Argiope pes anseris* (E. Desl.). Grandeur naturelle.
  —   fig. 6 *a.*   —   —   Le même échantillon, grossi.
  —   fig. 6 *b.*   —   —   Intérieur grossi de la grande
                                    valve.
  —   fig. 6 *c.*   —   —   Intérieur grossi de la petite
                                      valve.

20°. RHYNCHONELLA VESICULARIS, *H. Coq.*

Pl. VII, fig. 7.

Syn. 1859. *Rhynchonella vesicularis* (H. Coq.). *Bulletin Soc. géol. de
                       France,* t. XVI, 2e. série, p. 1012.
      1860.   —   —   Synopsis des animaux et des vé-
                           gétaux fossiles observés dans
                           les formations secondaires de la
                           Charente, de la Charente-Infé-
                           rieure et de la Dordogne, p. 122.

Dimensions : longueur, 22 millim. ; largeur, 29 millim.

Diag. *Coquille plus large que longue, triangulaire, évasée sur la région frontale, très-atténuée et anguleuse à la région apiciale, irrégulière, offrant constamment deux lobes frontaux, disposés sur deux plans différents et séparés par une dépression assez profonde s'étendant jusque sur la moitié antérieure de la coquille. Surface ornée d'un très-grand nombre de stries rayonnantes, s'étendant depuis le crochet jusqu'au front. Région frontale marquée, dans les individus adultes, d'un limbe coupé à angle droit et parallèle aux lignes d'accroissement.*

Obs. Cette espèce est facile à reconnaître à sa forme tout-à-fait triangulaire et aux stries très-fines qui ornent sa surface; elle provient de la craie du S.-O. de la France (étage campanien, Coq.), à Aubeterre (Charente). J'ai décrit cette espèce d'après trois échantillons en parfait état, recueillis par M. Hébert et qui font partie de la collection de la Sorbonne.

Pl. VII, fig. 7 *a, b. Rhynchonella vesicularis* (H. Coq.). Grandeur naturelle.

21°. CRANIA IGNABERGENSIS, *Retz.*

Pl. VIII, fig. 1, 2.

Je ne décrirai pas cette espèce, dont la diagnose et la synonynie ont été données par M. Davidson. Je renvoie donc, pour cette description, au *British fossil brachiopoda. Cretaceous Species*, p. 11 et pl. I, fig. 8, 14. J'ai voulu simplement constater que cette espèce se rencontre, quoique rarement, dans la craie marneuse où elle a été recueillie dans les localités de Tartigny et Lahérelle (Oise), par M. de Mercey, préparateur de minéralogie à la Faculté des sciences de Paris, au niveau du *Micraster cor-anguinum.* Ce niveau forme la partie supérieure de la craie marneuse, séparée de la craie blanche par une ligne d'usure et perforation de roche observée par M. de Mercey; au-dessous, viennent les couches à *Micraster cor-testudinarium*, puis une petite assise à ammonites et enfin la craie à *Inoceramus labiatus ;* cette succession a été établie depuis plusieurs années par M. Hébert. Je donne ces détails pour bien fixer le niveau où a été rencontré l'échantillon que je figure ici ; il est curieux, en effet, de constater que les brachiopodes ont, en général, une bien plus large distribution stratigraphique dans les terrains crétacés que dans les terrains jurassiques; et, pour ne citer que la *Crania Ignabergensis*, on voit qu'elle se trouve à la fois, à Villedieu, dans la craie marneuse, dans la craie blanche, et enfin dans la craie supérieure, où elle existe dans les dépôts à baculites du Cotentin et dans la craie de Maestricht.

Pl. VIII, fig. 1. *Crania Ignabergensis* (Retz). Valve adhérente. Grandeur naturelle. Tatigny (Oise), dans la craie marneuse (Collec. de M. de Mercey).

— fig. 2. — — Le même échantillon, grossi.

22°. CRANIA PARISIENSIS, *Defr.*

Pl. VIII , fig. 3. 4.

Tout ce que nous venons de dire pour la *Crania Ignabergensis* s'applique à la *Crania Parisiensis ;* toutefois, la Cranie que nous représentons ici est un peu différente des échantillons de Meudon ; en effet, sur les trois exemplaires que j'ai observés, le réseau granulé qui entoure la coquille est bien plus large, les proportions ne sont pas les mêmes, la vraie *Crania Parisiensis* de Meudon étant constamment beaucoup moins large. Il est bon d'ajouter que les échantillons recueillis par M. de Mercey sont tous jeunes et que je ne serais pas étonné, qu'en grandissant, la coquille ne prît des

caractères assez tranchés pour constituer une espèce distincte; je crois donc qu'il est bon de suspendre notre
jugement jusqu'à ce que des spécimens plus adultes nous
permettent de mieux fixer ses caractères. Les échantillons
recueillis par M. de Mercey viennent, en effet, de la craie à
Micraster cor-testudinarium.

Pl. VIII, fig. 3. *Crania Parisiensis* (Defr.) ? Valve adhérente provenant de la Faloize (Somme).
— Collection de M. de Mercey.
— fig. 4. — — Le même échantillon, grossi.

23°. TEREBRATULA (*Kingena*) SEXRADIATA, *Sow.*

Pl. VII, fig. 5-8.

Syn. 1850. *Terebratula sexradiata* (Sow. in Dixon). *The geol. and
fossils of the tert. and cret.
format. of Sussex*, pl. XXVII,
fig. 10.
1852. *Kingena   lima.*   (Sow., pars). *Brit. fossil brach.
Cretaceous Spec.*, p. 42, pl. IV,
fig. 16, 17, 19 et 28.

Dimensions : longueur, 9 millim. ; largeur, 18 millim.; épaisseur,
4 millim.

DIAG. *Coquille petite, subquadrangulaire, tronquée vers
le front, garnie sur toute sa surface de tubercules épineux
disposés en quinconce et très-nombreux. Grande valve convexe. Crochet tronqué par un foramen assez large, incomplètement fermé en-dessous par le deltidium.*

Obs. Une série de formes très-voisines, dont la *Terebr.
lima* est comme le chef de file, s'observent dans les diverses
couches des terrains crétacés; elles ont été réunies en une

seule espèce par M. Davidson ; néanmoins, comme les tubercules affectent des dispositions assez tranchées sur chacune d'elles, on peut, sans inconvénient, les regarder comme différentes. La *Tereb. sexradiata* se rencontre dans la craie marneuse en Angleterre et en France, et plusieurs échantillons ont été recueillis à la Faloize (Somme), dans les couches à *Micraster cor-anguinum* et à *cor-testudinarium*, par MM. Hébert et de Mercey, où elle est rare. Quant au nom de *sexradiata*, il a été très-mal choisi, ce caractère de côtes obscures étant accidentel et ne se répétant pas sur les échantillons français.

Pl. VIII, fig. 5 *a, b. Terebratula (Kingena) sexradiata* (Sow.). Grand. nat. Échantillon de la collection de M. de Mercey. Craie marneuse de la Faloize.

—   fig. 6.   —   La même, grossie.
—   fig. 7.   —   Crochet de la grande valve, grossi.
—   fig. 8.   —   Portion très-grossie du test.

24*. TEREBRATULA (*Kingena*) HEBERTIANA, *d'Orb.*

Pl. VIII, fig. 9-11.

Syn. 1847. *Terebratula Hebertiana* (d'Orb.). *Paléontologie française,* terrains crétacés, p. 108, pl. DXIV, fig. 5-11.

1850.   —   —   (d'Orb.). *Prodrome,* vol. II, p. 258.

1852. *Kingena*   *lima*   (Dav., pars). *Brith. foss. brach. Cretaceous Spec.,* p. 42, pl. IV.

Dimensions : longueur, 16 millim. ; largeur, 15 millim. ; épaisseur, 9 millim.

DIAG. *Caractères semblables à ceux de la précédente.*

Tubercules de la surface moins nombreux et comme ef-
facés. Forme plus arrondie.

Hab. La craie blanche de Meudon, où elle est très-rare.

Pl. VIII, fig. 9 *a, b. Terebratula* (*Kingena*) *Hebertiana* (d'Orb.). Grandeur nat. Collection de M. Hébert.
Meudon.
— fig. 10. — Même échantillon, grossi.
— fig. 11. — Portion grossie du test.

V. — ESPÈCES DES TERRAINS TERTIAIRES.

25°. TEREBRATULA (*Kingena*) RAINCOURTI, *nov. sp.*

Pl. VIII, fig. 12, 14.

Dimensions : longueur, 15 millim. ; largeur, 13 millim. ; épaisseur ,
7 millim.

DIAG. *Coquille un peu plus longue que large, arrondie ;*
région frontale à peine tronquée. Surface garnie de tuber-
cules très-nombreux, visibles à la loupe et disposés en quin-
conces irréguliers. Grande valve régulièrement convexe, à
crochet tronqué par un foramen large, incomplètement
fermé en-dessous par le deltidium. Petite valve régulière-
ment convexe.

Obs. Cette belle espèce diffère à peine des autres *Kingena*
répandues dans les terrains crétacés moyen et supérieur ;
cependant sa forme plus arrondie et sa grande valve plus convexe la font suffisamment distinguer. La découverte de cette
coquille dans la partie moyenne du terrain tertiaire éocène
est un fait très-remarquable , car on était habitué à regarder
cette section comme exclusivement cantonnée dans les terrains crétacés. Je dois la connaissance de cette précieuse co-

quille à M. le marquis de Raincourt, qui l'a mise à ma disposition avec son obligeance très-connue. Qu'il veuille bien accepter la dédicace de la *Ter. Raincourti* comme un faible hommage de ma reconnaissance, pour toutes les attentions délicates dont il a bien voulu me combler.

Hab. Sable du calcaire grossier des environs de Paris, probablement de Damery.

Pl. VIII, fig. 12 *a, b. Terebratula (Kingena) Raincourti* (E. Desl.). Grand. nat. Échantillon de la collection de M. le marquis de Raincourt.

— fig. 13. — La même, grossie.

— fig. 15. — Portion grossie du test.

CAEN, TYP. DE A. HARDEL.

26°. NOTE SUR L'APPAREIL BRACHIAL DE LA *TEREB.*
GRANDIS, *Blum.*

La *Terebratula grandis* est une des espèces les plus abon-
dantes dans certaines couches du terrain tertiaire miocène
où elle a reçu différents noms, tels que *Ter. gigantea, variabilis, maxima, Sowerbii*, etc. ; il est donc étonnant de
trouver quelque chose de nouveau à noter sur une espèce
qui devrait être connue dans ses plus petits détails : néanmoins la forme de son appareil brachial est si spéciale, qu'elle
pourrait presque former une section particulière dans le
grand genre *Terebratula*, si tous les autres caractères
n'étaient conformes à ceux des térébratules proprement
dites.

M. Davidson, dans son travail sur les Brachiopodes tertiaires
de la Grande-Bretagne, pl. II, fig. 3, a représenté l'intérieur
de la petite valve d'après un magnifique échantillon appartenant à M. Bouchard-Chanteraux. Au premier abord, on
pourrait croire que cette coquille et la mienne sont différentes ; il n'en est rien : j'ai pu voir l'échantillon figuré et
m'assurer que les pointes convergentes étaient brisées, ce qui
doit d'ailleurs arriver presque toujours : ces pointes étant
d'une délicatesse et d'une fragilité excessives, n'ont pu se
conserver dans le dépôt grossier que présente habituellement
le crag à *Ter. gigantea.*

L'échantillon que je figure pl. VIII, fig. 15, provient des
couches miocènes des environs de Nantes (Loire-Inférieure).
La pièce montre l'appareil brachial dans un état parfait de
conservation et a été dégagée par M. Munier. Cet appareil
consiste en un cadre apophysaire à peu près semblable à
celui des térébratules proprement dites, toutefois la pièce
médiane s'écarte déjà du type habituel ; mais la différence la
plus essentielle consiste dans l'allongement excessif des

pointes convergentes qui garnissent invariablement , chez toutes les térébratulidées, la naissance du cadre apophysaire, et qui servent à soutenir la portion du bras voisine de la bouche. Une disposition à peu près semblable s'observe également dans une autre section des Térébratules , les *Megantheris* de M. Suëss. Nul doute qu'une pareille modification dans la forme de l'appareil brachial ne dût entraîner des différences dans la forme des bras eux-mêmes ; mais nous ne pouvons ici que prévoir une cause ; quant à l'effet, il se dérobera toujours sans doute à nos yeux , à moins que quelque espèce encore inconnue , et vivant dans quelque recoin ignoré , ne vienne nous donner la raison de cette forme bizarre de l'appareil brachial , et la clef de l'énigme dans quelque détail d'organisation.

Pl. VIII, fig. 15. *Terebratula grandis* (Blum). Échantillon de grandeur naturelle, brisé en partie pour montrer l'appareil brachial.

— fig. 16 *a*. — — Appareil brachial, vu de face.

— fig. 16 *b*. — — id., vu de profil.

V. NOTE DE RECTIFICATION SUR LA *TEREBRATULA HUMERALIS*.

Pl. VI, fig. 1, 3.

27° TEREBRATULA (*Waldheimia*) HUMERALIS, *Röm.*

J'avais décrit, dans mon 2e. fascicule de ces *Études critiques* (1), sous le nom de *Terebratula Leymeri*, une espèce qu'on rencontre fréquemment dans les couches du système oolithique supérieur ; cette espèce ayant été décrite par Römer , il y a longues années , sous le nom de *Terebratula*

(1) Voir , p. 32, l'article relatif à la *Terebratula Leymeri* qui doit être donnée comme simple synonyme de la *Terebratula humeralis*.

humeralis, je dois donc rectifier cette détermination et lui
rendre son véritable nom, par conséquent la synonymie de
cette espèce doit être rétablie de la manière suivante :

Syn. 1839 *Terebratula humeralis* (Röm.) *Die Versteinerungen des
nordeutschen oolithen gebirgcs.*
Sammt Nachtrag, tab. 18, fig. 14.

1841. — *pentagonalis* (Mandels.) *Jahrbuch Leonard's
and Bronn,* année 1841, p. 568.

1847. — *carinata* (Leym.) *Statistique géologique et
minéralogique de l'Aube,* pl. X,
fig. 5. Non *Ter. carinata,* Lamk.

856. — *Leymeri* (Cotteau) *Étude sur les mollusques
fossiles du département de
l'Yonne,* p. 138.

1858. — *humeralis* (Oppel.) *Die jura formation,*
p. 721. Kimmeridge - Gruppe,
n°. 115.

1859. — *kimmeridgiensis* (E. Desl.) *Bulletin* de la Société Linnéenne de Normandie,
t. IV, p. 75.

1862. — *Leymeri* (Eug. Desl.). *Études critiques sur
des Brachiopodes nouveaux ou
peu connus,* p. 32, pl. V, fig. 1-3.

— — *carinata.* De la plupart des auteurs de notices géologiques.

Je connaissais depuis long-temps le nom de *Ter. humeralis*,
mais j'avais cru jusqu'ici qu'il s'appliquait à une autre espèce ; il faut, dans ces sortes de travaux, user d'une grande
patience et presque toujours voir par ses yeux les types mêmes
des auteurs : autrement on est exposé à faire de fréquentes
méprises : c'est ainsi, par exemple, que MM. Sœman et Triger
ont reconnu, l'année dernière, que le type de la *Terebratula
biplicata*, de Brocchi, appartenait à une espèce jurassique
de la section *Waldheimia*, bien que pendant longues années
tous les auteurs se fussent entendus dans la même erreur ,
en la rapportant à l'espèce crétacée décrite sous le même nom

par Sowerby et qui appartient à une térébratule proprement dite. Ces *Études critiques* ayant encore plutôt pour objet de rectifier et de compléter l'étude des espèces que d'en faire connaître de nouvelles, je saisis cette occasion pour prier de nouveau tous les paléontologistes de vouloir bien m'envoyer le résultat de leurs recherches à ce sujet, résultat que je consignerai toujours sous leur nom avec un grand plaisir. J'accueillerai surtout avec reconnaissance les critiques qui s'adresseront à mon propre travail, et si j'ai commis quelque erreur, je m'empresserai de la reconnaître ; car la vérité est ce que je recherche par dessus tout, et elle doit s'élever au-dessus de toutes les autres considérations.

VI. ESPÈCES DU SYSTÈME OOLITHIQUE INFÉRIEUR.

28°. TEREBRATULA (*Epithyris*) BREBISSONI, *E. Desl.*

Pl. IX, fig. 1, 8.

Syn. 1862. *Terebratula Brebissoni* (Eug. Desl.) *Bulletin* de la Société Linnéenne de Normandie, t. VII, p. 321.

— *carinata* (Pars) de plusieurs auteurs. Non *Ter. carinata*, Lamk. (espèce de l'oolithe inférieure). Non *Ter. carinata*, Leym. (espèce du Kimmeridge-clay.)

Testâ ovatâ, longiori quàm latiori, ad frontem truncatâ, ad latera demissâ, lævi; in mediâ tantùm parte ex apice ad frontem majori valvâ elevatâ, minori autem plùs minùsve excavatâ. Apice crasso, parùm incurvato, ad latera haud carinato, foramine magno, oblongo.

Intùs brachiorum fulcro ignoto. Musculosis signis valdè insculptis, adductorum in minori valvâ, per aream latam in medio incrassatam segregatis. Cardinali dente in minori valvâ crassâ, et per muscularia valdè insculptâ.

Diag. Coquille ovalaire, plus longue que large, tronquée à la région frontale, un peu étalée vers les côtes, légèrement comprimée à la région cardinale, entièrement lisse. Grande valve très-élevée sur la partie médiane, depuis le crochet jusqu'au front; petite valve offrant, sur la partie médiane, une dépression plus ou moins profonde et plus ou moins limitée, correspondant à l'élévation de la plus grande. Valves unies sous un angle assez aigu. Commissure des valves, droite sur les côtés, offrant au front une inflexion plus ou moins forte, déterminée par l'élévation de la grande valve. Crochet assez recourbé, un peu comprimé et non caréné sur les côtés. Foramen assez grand, rond ou ovalaire.

Couleur. — *Inconnue.*

Caractères internes. — *Petite valve.* Appareil brachial inconnu, plateau cardinal divisé en deux parties divergentes dès leur naissance. Ces deux parties rendues très-concaves par l'impression très-profonde des muscles pédonculaires. Apophyse cardinale ou calcanienne (A, C) très-grosse, proéminente, étranglée à sa base, très-fortement excavée pour l'insertion des muscles rétracteurs Empreintes des muscles adducteurs (A) très-écartées, étroites surtout vers la région cardinale, séparées entre elles par un large espace, dont la partie médiane forme une bosse assez forte remplaçant le septum médian des Waldheimia. — *Grande valve.* Empreintes des muscles adducteurs (A), rétracteurs (R) et pédonculaires (P) réunies en une masse en forme d'écusson, au milieu d'une très-forte dépression creusée dans la substance même de la coquille. Le test, fort épaissi de chaque côté de cette dépression, montre des empreintes génitales (O) bien manifestes.

Jeune age. — On reconnaît les jeunes à leur forme bien

plus élargie et à leurs bords coupants ; la dépression de la
petite valve est visible dès les premiers instants de la vie ;
la grande valve, au contraire, est alors peu bombée, par
conséquent l'élévation du dos, correspondant à la dépression
de la petite valve, ne devient bien manifeste que dans l'âge
adulte. Du reste, le foramen des jeunes, dans cette espèce
comme dans les autres, n'est pas complété en-dessous par
le deltidium (Voir fig. 6), et c'est à ce caractère surtout
qu'on reconnaîtra toujours une coquille non parvenue à sa
croissance, quelle que soit d'ailleurs sa taille.

Dimensions : longueur, 47 millimètres ; largeur, 35 millimètres ;
épaisseur, 27 millimètres.

Obs. La *Terebratula Brebissoni*, quoique appartenant à
la section *epithyris*, ressemble beaucoup d'aspect à la *Ter.
carinata*, de Lamarck, qui se rapporte à la section *Waldheimia ;* on reconnaîtra ces deux espèces par l'absence,
dans la *Ter. Brebissoni*, de la ligne noirâtre à la petite
valve indiquant le septum médian, mais surtout par la
forme du crochet non caréné sur les côtés et dont le
foramen est grand. Toutefois, il est bon de rappeler que, le
foramen de la *Ter. carinata* étant plus grand qu'il n'est
d'habitude dans cette section, il faut regarder d'assez près
pour distinguer les deux espèces ; mais si l'on observe l'intérieur des valves, le doute disparaît : la grosse apophyse
cardinale, la forme des muscles adducteurs, l'épaississement
excessif du test de la grande valve sous les parties latérales du
crochet, sont autant de caractères des plus saillants, qui ne
permettront aucune confusion. L'aspect extérieur de cette
espèce diffère de celui des autres *epithyris*, sauf la *Ter.
suboroïdes*, dont certaines variétés offrent aussi une dépression longitudinale sur la petite valve.

Cette espèce varie peu. Toutefois, si nous comparons attentivement les échantillons du Calvados et ceux de la Bourgogne, nous verrons que ces derniers (Voir pl. IX, fig. 8 *a*, *b*) sont plus larges, plus évasés ; que la grande valve est moins bombée, le foramen un peu plus grand ; mais, comme nous n'avons pu comparer qu'un petit nombre d'échantillons, il peut se faire que ces légères différences soient simplement individuelles.

Pendant long-temps cette espèce était rare, et je ne la connaissais que par deux mauvais échantillons recueillis à May par M. Perrier. La regardant alors comme une simple variété un peu grande de la *Ter. carinata*, je n'avais prêté que peu d'attention à ces deux échantillons. M. de Ferry m'avait depuis envoyé quelques exemplaires du calcaire à entroques des environs de Mâcon, que je m'obstinais toujours à regarder comme des *Ter. carinata* ; toutefois, la grandeur du foramen de ces échantillons laissait des doutes dans mon esprit. Mais la découverte d'une série nombreuse de magnifiques échantillons que j'ai faite à Fresnay-la-Mère en 1861, surtout les intérieurs, montrant parfaitement toute la région cardinale et les empreintes musculaires des deux valves, ont dissipé tous les doutes : c'était bien une espèce nouvelle des plus belles et des mieux caractérisées. Comme je faisais connaître, l'année dernière, la coupe de Fresnay-la-Mère, dans le VIIe. volume du *Bulletin* de la Société Linnéenne de Normandie, je profitai de l'occasion pour décrire sommairement la nouvelle espèce, et c'est avec un bien vif plaisir que je l'inscrivis sous le nom de M. de Brébisson, notre célèbre botaniste normand ; je désire qu'il y voie un hommage de reconnaissance pour toutes ses bontés et pour les indications précieuses qu'il m'a données sur la constitution géologique des environs de Falaise, soit de vive voix, soit en poussant la complaisance jusqu'à me servir de guide dans mes explorations géologiques autour de cette ville.

Hab. La *Terebratula Brebissoni* est spéciale aux couches les plus inférieures de l'oolithe inférieure , caractérisées par les *Ammonites Murchisonæ, Sowerbyi* et *primordialis ;* à ce niveau, elle a été recueillie à May (Calvados), par M. Perrier ; à Fresnay-la-Mère , par mon père et par moi , dans une couche inférieure à la zone à *Ammonites Humphrie- sianus* , et séparée de celle ci par une discordance d'usure et de perforation par les vers. Elle est très-abondante dans cette dernière localité. On la retrouve dans le calcaire à en- troques inférieur de la Bourgogne , principalement à Milly (Saône-et-Loire). Je l'ai encore reçue de M. Jaubert , qui l'a trouvée dans le département du Var , également au niveau de l'*Ammonites Murchisonæ* , *Lima heteromorpha* , *Pecten barbatus* , etc.

Pl. VI, fig. 1. *Terebratula (epithyris) Brebissoni* (Eug. Desl.). Partie cardinale de l'intérieur de la petite valve un peu grossie. A, C. Apophyse car- dinale. A. Muscle adducteur. *a, b.* Atta- ches de l'appareil brachial. O. empreintes génitales.

— fig. 2. — Même partie , grandeur naturelle , pour montrer la grande saillie (A, C.) déter- minée par l'apophyse cardinale.

— fig. 3. — Intérieur du crochet de la grande valve, grossi. *d.* Dents cardinales. A. Muscles adducteurs. P. Pédonculaires. O. Em- preintes génitales.

— fig. 4. — Jeune échantillon provenant de Milly (Saône- et-Loire).

— fig. 5, 6. — Jeunes échantillons de Fresnay-la-Mère (Calvados).

— fig. 7 *a, b, c, d.* Le plus grand échantillon cornu, provenant également de Fresnay-la-Mère.

Pl. VI, fig. 8 *a, b. Terebratula (epithyris) Brebissoni* (Eug. Desl.).
Échantillon adulte, recueilli à
Milly (Saône-et-Loire), par M. de
Ferry. — Tous ces échantillons
font partie de ma collection.

29°. NOTE SUR UNE VARIÉTÉ PLISSÉE DE LA *TEREBRATULA PEROVALIS* (*Sow.*).

Pl. X , fig. 4, 5.

Le caractère si remarquable d'être frangée de plis plus ou
moins prononcés est généralement spécifique et se rencontre,
à l'état normal, dans un certain nombre d'espèces de diverses sections, telles que les *Terebratula australis* (Eudesia),
Clementi, echinulata (Terebratulina , *Guerangeri* (Waldheimia), *fimbrioides, plicata, fimbria, suborbicularis*
(*Terebratula* proprement dite); toutefois il est bon de remarquer que, dans la même espèce, le nombre, la disposition
de ces plis et leur étendue varient beaucoup, et même que
certains échantillons plus ou moins nombreux de ces espèces
sont entièrement lisses à tous les âges.

D'un autre côté, nous avons pu remarquer que, dans
d'autres espèces, l'état lisse était le plus habituel ; mais qu'il
arrivait cependant qu'un nombre plus ou moins considérable
d'échantillons présentaient des plis frontaux en nombre variable ; pour exemple, nous citerons la *Terebratula conglobata* (1) et la *Terebratula Ferryi* , que nous avons décrite

---

(1) Nous donnons ce nom de *conglobata* à une espèce remarquable,
provenant de la couche à *Ammonites Murchisonæ* de l'oolithe inférieure,
que nous avons décrite et figurée p. 352 du II°. volume du *Bulletin* de
la Société Linnéenne de Normandie, pl. Ii , fig. 11, 13 (Catalogue
descriptif des Brachiopodes du système oolithique inférieur du Calvados), et que nous regardions alors comme une simple variété de la

dans le 2°. fascicule de ces Études critiques, p. 27, pl. V
fig. 1 , 4.

Enfin , nous voyons des espèces lisses montrer très-
accidentellement des plis quelquefois très-prononcés. La *Ter.
dorsoplicata*, var. *excavata*, nous en a fourni un exemple
très-remarquable (1). Nous croyons très-utile d'attirer l'attention sur ces accidents quand ils se rencontrent, parce qu'un
spécimen de ce genre pourrait être considéré comme appartenant à une espèce particulière ; nous signalons aujourd'hui
une variété semblable dans la *Terebratula perovalis* (Sow.).

La *Terebratula perovalis* (Sow.) caractérise, comme on
sait, les couches à *Ammonites Murchisonæ* ; mais elle est
très-variable dans sa forme et dans sa taille, et chaque localité
produit, pour ainsi dire, une variété à elle ; tantôt les deux
plis sont très-prononcés et donnent lieu à une espèce de lobe
médian, caractère qui la rapproche un peu de forme de la
Ter. Phillipsii. Cette variété, à laquelle Lamarck avait donné
le nom de *Ter. Kleinii*, se rencontre principalement dans
les environs de Bayeux. Une autre variété, très-remarquable
aussi, paraît, dans le Calvados (2), être cantonnée dans les
environs de Harcourt ; elle abondait dans la localité jadis cé-

Ter. sphæroidalis (Sow.). Nous pensons qu'il est inutile de donner ici
la description de cette espèce, qui sera décrite et figurée dans la
Paléontologie française, nous renvoyons donc simplement aux figures
ci-dessus indiquées.

(1) Voir mon mémoire sur le kelloway-rock du nord-ouest de la
France, dans le XI°. volume des *Mémoires* de la Société Linnéenne de
Normandie, p. 21, pl. II, fig. 5 *a, b, c.*

(2) Les deux variétés que nous venons de signaler se rencontrent
aussi tranchées en d'autres points de la France ; ainsi, il existe dans
la collection Brongniart, qui fait maintenant partie de la collection de
la Sorbonne, un gros échantillon provenant de Salins (Jura), et qui est
semblable en tout à la variété des Moutiers. Elle a été également recueillie dans les Deux-Sèvres par M. Baugier.

lèbre des Moutiers-en-Cinglais ; mais depuis long-temps ces carrières sont abandonnées, et ces échantillons, si remarquables par leur taille énorme, leur forme globuleuse et leurs plis à peine indiqués, ne se rencontrent plus que dans les anciennes collections. C'est un de ces exemplaires que je figure ici. Sa taille, quoique très-grande, n'atteint pas encore à la limite des plus gros échantillons ; son lobe médian et ses deux plis caractéristiques, à peine indiqués, sont tout-à-fait semblables à ceux des autres échantillons des Moutiers ; on aperçoit, vers la région frontale, de très-nombreuses lignes d'accroissement qui prouvent que la coquille est déjà vieille ; de plus, toute la région frontale et principalement le lobe médian sont frangés de plis obscurs qui ne s'étendent guère à plus du quart antérieur de la coquille.

Cette ornementation singulière rappelle la *Terebratula plicata* (Buckm.), espèce qu'on rencontre en Angleterre et dans la Bourgogne, au même niveau géologique, et qui paraît ne pas s'être développée en Normandie ; mais si l'on compare ces deux formes entre elles, on voit bientôt qu'elles sont tout-à-fait différentes, la *Terebratula plicata* étant constamment cordiforme, avec le crochet proéminent, allongé et comprimé sur les côtés, tandis que notre coquille présente tous les autres caractères de la *Ter. perovalis*, c'est-à-dire forme arrondie et globuleuse, crochet court, ramassé, très-épais et très-souvent étalé. Il n'y a donc aucun doute, notre échantillon n'est qu'une *Terebratula perovalis*, dont la région frontale est accidentellement frangée.

Nous devons cet échantillon remarquable à M. Michelin, qui l'avait recueilli aux Moutiers et qui a bien voulu en enrichir ma collection ; aussi, l'intérêt que j'attache à cette pièce est-il encore rehaussé à mes yeux par celui de sa provenance, qui témoigne l'affectueux intérêt dont veut bien m'honorer l'aimable doyen des géologues français.

Pl. X, fig. 4. *Terebratula perovalis* (Sow.). Variété frangée, provenant de la couche à *Ammonites Murchisona* de l'oolithe inférieure des Moutiers (Calvados).

— fig. 5.　　　— 　Le même échantillon, vu par le bord frontal.

30ᵃ. TEREBRATULA (*Terebratella*) ARATELLA (*Eug. Desl.*), nov. sp.

Pl. X, fig. 1, 3.

Testâ oblongâ , longiori quàm latiori, ad frontem obtusâ et paululùm lobatâ ; ex apice ad frontem, plicis crebris instructâ. Minori valvâ convexâ, in medio paululùm planulatâ. Valvis obtusè unitis. Majori convexâ, ad apicem leviter attenuatâ ; apice crasso, vix incurvato, per aream truncato ; areâ mediocri, leviter concavâ, acutè ex latere resectâ ; deltidio infrà dilatato ; foramine magno, rotundo ex areâ scisso.

Intùs ignotâ.

DIAG. Coquille oblongue, plus longue que large, tronquée à la région frontale, offrant un lobe médian peu prononcé, ornée depuis le crochet jusqu'au front de nombreux plis aigus, dont quelques-uns sont dichotomes. Valves réunies sous un angle obtus, très-émoussé. Commissure des valves droite au front, légèrement infléchie vers les côtés, la plus grande inflexion portant vers la région cardinale. Petite valve convexe, un peu aplatie à la région médiane. Grande valve convexe, un peu gibbeuse au milieu, atténuée vers le crochet ; crochet épais, très-peu recourbé, tronqué brusquement par l'area et le foramen. Area triangulaire, légèrement concave, coupée brusquement sur les côtés du crochet ; percée en son centre par un large foramen arrondi, complété en-dessous par un deltidium assez grand.

Caractères internes. — *Inconnus.*
Couleur. — *Inconnue.*

Dimensions : longueur, 16 millimètres ; largeur, 13 millimètres ;
épaisseur, 11 millimètres.

Obs. Cette belle et rare espèce se rapproche de la *Tere-bratula oblonga*, de l'étage néocomien, elle en diffère par son crochet moins allongé et par son area moins grande ; elle ressemble aussi à la *Terebratula cardium* ; mais outre qu'elle en diffère par la forme de son area et de son foramen, on la distingue encore en ce que les plis qui ornent la surface sont beaucoup plus nombreux. Les térébratelles sont rares dans les terrains jurassiques ; nous en connaissons cependant dans le lias, dans la grande oolithe et peut-être dans l'oxfordien ; mais ces espèces sont tout-à-fait différentes de la *Ter. aratella.* Nous ne connaissons ni son appareil brachial, ni les autres caractères internes ; toutefois, nous avons pu voir l'empreinte des muscles adducteurs (A). Sur la petite valve, cette empreinte est peu marquée ; il n'en est pas de même du septum médian (S′, M′), qui paraît fort développé ; comme nous ne connaissons jusqu'ici qu'un seul échantillon, nous ne pouvons savoir si elle est variable ; la forme des jeunes nous fait également défaut.

Hab. L'assise supérieure de la grande oolithe (couches de Ranville). Un seul échantillon connu, trouvé à Graye, près Courseulles (Calvados). Ma collection.

Pl. X, fig. 1. *Terebratula (Terebratella) aratella* (Eug. Desl.). Grossie à deux diamètres. A. Empreintes des muscles adducteurs. S′, M′. Septum médian de la petite valve.
— fig. 2 *a, b, c, d.* Le même échantillon. Grandeur naturelle.
— fig. 3. — Portion grossie du test.

31°. RHYNCHONELLA ELEGANTULA (*Bouch.*) M. S.

Pl. X, fig. 7 *a*, *b*.

Syn. 1845. *Rhynchonella elegantula* (Bouch.). *In litteris.*
— 1849.   —   *concinnoides* (d'Orb.). *Prodrome*, 1er. vol.,
p. 315, n°. 346. Étage ba-
thonien.

*Testâ minutâ, trilobatâ, ex apice ad frontem striis
numerosis instructâ. Minori valvâ ad apicem inflatâ et in
mediâ parte hujusce regionis parvâ depressione notatâ, ad
frontem et latera trilobatâ, mediano lobo præ elevato. Majori
autem valvâ mediano et profundo sinu instructâ. Apice
tenui, attenuato, maximè adunco. Valvarum commissurâ
per minoris valvæ lobum valdè inflexâ.*

Intùs ignotâ.

DIAG. Coquille petite, trilobée, de profil triangulaire,
ornée sur toute sa surface de stries rayonnantes, fines et très-
nombreuses. Petite valve renflée à la région cardinale et
marquée en ce point, d'une très-légère dépression, divisée en
trois lobes, un antérieur et deux latéraux, séparés par de
profondes dépressions; grande valve offrant un profond sinus
opposé au lobe médian de la petite valve, gibbeuse et élevée
à la région cardinale; crochet très-recourbé, atténué, se terminant en une pointe effilée et recourbée qui masque le point
de réunion des deux valves. Commissure des valves profon-
dément dentelée sur les côtés et le front, offrant une très-
brusque et profonde inflexion à la région frontale; au point
où les valves s'articulent, se voit, de chaque côté, une profonde dépression.

Caractères intérieurs. —*Inconnus.*
Couleur. —*Gris-bleuâtre.*

Dimensions : longueur, 11 millimètres ; largeur, 12 millimètres ;
épaisseur, 9 millimètres.

Cette espèce se rapproche de la *Rhynchonella varians* par
sa petite taille et son profil triangulaire ; elle s'en distingue
par la forme de son crochet, qui est beaucoup plus fin, délié
et recourbé ; sous ce rapport, on ne pourrait la confondre
qu'avec la *Rhynchonella Hopkinsi* (Dav.). Nous avons représenté sur la même planche, fig. 6, vue de profil, cette
dernière espèce qui est très-abondante dans l'oolithe miliaire
de diverses localités, mais principalement dans les environs
de Marquise (Pas-de-Calais). On voit qu'elle est d'une taille
double de la *Rhynch. elegantula*, qu'elle est beaucoup moins
bombée, enfin que le profil de ces deux espèces, triangulaire
dans l'une, arrondi dans l'autre, est très-différent. Elles
caractérisent, dans les environs de Marquise, deux couches
différentes, la *Rhynchonella elegantula* se rencontrant exclusivement dans la petite couche marneuse que les géologues
boulonais assimilent au forest-marble.

Hab. La *Rhynchonella elegantula* se rencontre par mil-
liers dans toutes les localités du Boulonais ou affleure la
petite couche du forest-marble ; nous l'avons recueillie à
Belle, à Bellebrune, au Wast, à Marquise même (carrière
d'Escalotte), à la Coste, près Leulinghen, etc., etc... On la
retrouve également dans tout l'est de la France, dans les Ar-
dennes, la Lorraine, la Bourgogne, la Franche-Comté, etc.,
où elle est plus rare toutefois que dans le Boulonais ; elle
n'existe point en Normandie, où elle est remplacée par la
Rhynchonella concinna.

Pl. X, fig. 7 *a. Rhynchonella elegantula* (Bouch.). De grandeur naturelle, vue de face.
— fig. 7 *b.* — — (Bouch.). Même échantillon,
vu de profil.

Nota. Cet échantillon provient de Marquise (Pas-de-Calais). Ma
collection.

VII. — BRACHIOPODES RECUEILLIS PAR M. DE VERNEUIL DANS LE LIAS DE L'ESPAGNE.

Les nombreux voyages géologiques en Europe et en Amérique, ainsi que les ouvrages de M. de Verneuil, sont trop connus pour qu'il soit nécessaire de les rappeler ici. En visitant les belles collections faites pendant ces excursions par le savant géologue, mon attention fut attirée, on le pense bien, sur les Brachiopodes et particulièrement sur ceux du lias. Parmi ceux-ci, j'en remarquai plusieurs qui ne m'étaient qu'imparfaitement connus et même qui étaient entièrement nouveaux pour moi. M. de Verneuil, avec la plus aimable complaisance, m'offrit de les publier moi-même et de les figurer dans le *Bulletin* de la Société Linnéenne de Normandie. Telle a été l'occasion de la présente note (1).

Les espèces que j'ai eu l'occasion d'examiner dans la collection de M. de Verneuil sont au nombre de quatorze, appartenant aux trois genres *Terebratula, Spiriferina* et *Rhynchonella*, toutes m'ont paru devoir être rapportées à l'horizon du lias moyen, bien caractérisé par le *Pecten æquivalvis* et le *Harpax Parkinsoni* (Desl.) (*Plicatula spinosa* des aut., non *Plicatula spinosa*, Sow.); d'autres espèces annoncent incontestablement le lias supérieur, d'autres enfin la base de l'oolithe inférieure, c'est-à-dire les couches à *Ammonites Murchisonæ* et *Pecten barbatus ;* mais aucun des brachiopodes ne me paraissant se rapporter à ces couches, je n'aurai à citer ici

(1) Nous renvoyons, pour les détails géologiques, aux divers travaux de M. de Verneuil sur l'Espagne et, en particulier, sur le mémoire important publié par MM. de Verneuil et E. Collomb dans le t. X du *Bulletin* de la Société géologique de France (2e. série), sous le titre *Coup-d'œil sur la constitution géologique de quelques provinces de l'Espagne,* p. 64. — Séance du 6 décembre 1852.

que des espèces du lias moyen. Je ne citerai pas les localités, parce que ces coquilles ont été recueillies par M. de Verneuil sur tous les points, la composition de la faune du lias moyen paraissant être en Espagne, comme dans les autres pays, répandue avec une remarquable uniformité.

1re. Famille TEREBRATULIDÉES.

TEREBRATULA (*Waldheimia*) RESUPINATA (*Sow.*).

Pl. XI, fig. 5.

Cette espèce est abondante en Espagne, mais sa forme est un peu différente de celle de France et d'Angleterre : la coquille est beaucoup plus allongée, la partie médiane de la grande valve généralement plus large et plus élevée, enfin le foramen plus grand. Les séries nombreuses recueillies par M. de Verneuil offrent des passages insensibles de cette espèce à la suivante. En France, au contraire, les deux espèces paraissent bien plus tranchées, la *Ter. resupinata* y est cantonnée dans les couches supérieures à *Ammonites margaritatus ;* la seconde, au contraire, dans les couches inférieures à *Ter. numismalis* (1).

TEREBRATULA (*Waldheimia*) FLORELLA (*d'Orb.*).

Pl. XI, fig. 4.

Paraît très-répandue dans les diverses parties de la Péninsule, accompagnée de la *Ter. resupinata.* Il y a certainement passage entre les deux formes, la *Ter. florella* est d'ailleurs

---

(1) La partie inférieure du lias moyen ne me paraît pas être représentée en Espagne, au moins je n'ai eu aucun échantillon qui puisse être rapporté à la *Ter. numismalis ;* il en est de même de toute la série du lias inférieur et de l'infrà-lias, qui paraît faire défaut.

ici beaucoup plus grande que le type français ; les valves sont plus renflées, et certains de ces échantillons ressemblent, à s'y méprendre, à la *Ter pala* (de Buch.), espèce propre aux couches oxfordiennes inférieures.

TEREBRATULA (*Waldheimia*) CORNUTA (*Sow.*).

Identique aux échantillons de France et d'Angleterre.

TEREBRATULA (*W. ltheimia*) VERNEUILII, *nov. sp.*

Pl. XI, fig. 2, 3.

Voir, plus loin, la description de cette espèce.

TEREBRATULA (*Epithyris*) SUBOVOIDES (*Rom.*).

Identique aux échantillons de France ; les deux variétés à ressauts brusques et à surface entièrement lisse, se retrouvent en Espagne.

TEREBRATULA JAUBERTI, *nov. sp.*

Voir, plus loin, la description de cette espèce.

TEREBRATULA EDWARDSI (*Dav.*).

Identique aux échantillons de France et d'Angleterre.

TEREBRATULA PUNCTATA (*Sow.*).

Cette espèce est, en Espagne, tout-à-fait semblable aux échantillons de France et d'Angleterre ; on y rencontre la plupart des variétés de cette espèce si polymorphe, entre autres celle qui a reçu de M. J. Haime le nom de *Ter. Davidsoni*, variété qui paraît propre aux îles Baléares et au midi de la France.

2ᵉ. Famille. SPIRIFÉRIDÉES.

SPIRIFERINA ROSTRATA (*Schloth.*).

Pl. XII, fig. 1.

Cette espèce acquiert ici de très-grandes dimensions, nous avons figuré un des plus gros exemplaires, dans lequel les deltidium sont parfaitement conservés ; sauf la taille, on voit que l'espèce est identique à celle de France et d'Angleterre ; on rencontre également les diverses variétés de cette espèce, entre autres celles dont le sinus et le bourrelet médians sont très-prononcés.

SPIRIFERINA HARTHMANNI (*Ziet.*).

Identique aux échantillons de France et d'Angleterre.

SPIRIFERINA OXYPTERA (*Buv.*).

Pl. XI, fig. 6-10.

Cette belle espèce, si rare en France, paraît au contraire très-abondante en Espagne, où M. de Verneuil l'a recueillie dans un grand nombre de localités, particulièrement entre Obon et Josa ; les échantillons, en parfait état, permettent de voir les plus petits détails d'ornementation ; les épines, dont je n'avais pu jusqu'ici voir la disposition que d'une manière confuse, sont parfaitement conservées et ressemblent beaucoup, par leur forme et leur disposition, à celles du *Spiriferina oxygona ;* elles ne sont donc pas disposées seulement sur les arêtes des côtes, comme cela a lieu dans les *Sp. Deslongchampsii* et *Davidsoni ;* mais au contraire couvrent la surface tout entière des valves. La belle suite d'exemplaires recueillis par M. de Verneuil nous permet de voir les variations de ces espèces ; elles sont nombreuses ; les unes (fig. 6) offrent des ailes très-allongées et comme les Spirifers paléozoïques seuls en possèdent habituellement ; dans d'autres (fig. 7), ces deux ailes sont très-courtes ; d'autres n'en ont même pas du tout (fig. 10) ; enfin, dans les fig. 8 et 9, nous voyons que tantôt les ailes suivent la courbure des valves presque sans former d'inflexions. tandis que, dans d'autres, ces deux ailes naissent brusquement des parties latérales.

Le *Spiriferina oxyptera* a déjà été signalé, l'année dernière, par M. Davidson dans le lias de l'Écosse ; ainsi, cette espèce a une très-large distribution géographique.

3ᵉ. Famille. RHYNCHONELLIDÉES.

RHYNCHONELLA TETRAEDRA (Sow.).

Identique aux échantillons de France et d'Angleterre.

RHYNCHONELLA MÉRIDIONALIS, *nov. sp.*

Pl. XII, fig. 4, 9.

Voir, plus loin, la description de cette espèce.

RHYNCHONELLA LYCETTI (Dav.).

Pl. XII, fig. 2, 3.

Cette espèce est d'une taille beaucoup plus grande que les échantillons d'Angleterre et de France, qui d'ailleurs se rencontrent généralement dans le lias supérieur, au niveau des *Ammonites bifrons* et *serpentinus* ; ceux d'Espagne sont également plus larges ; leurs plis et leurs lobes sont disposés d'une manière différente et semblent se rapprocher de la *Rhynchonella Thalia* (d'Orb.) du lias moyen ; mais, comme dans cette dernière, le crochet est toujours

beaucoup plus épais , que les valves sont bien plus renflées,
il nous reste des doutes sur la détermination de cette espèce.
Elle parait être abondante en Espagne et offrir une grande
variabilité.

32°. TEREBRATULA (*Waldheimia?*) VERNEUILI, *nov. sp.*

Pl. XI. fig. 2, 3.

*Testâ subpentagonali, paululùm longiori quàm latiori,
plùs minùsve dilatatâ, ad frontem biplicatâ, ad latera le-
riter alatâ, lævi. Minori valrâ subplanatâ. quatuor lobis per
latas et obsoletas depressiones segregatis instructâ ; his lobis
ad latera et duo ad frontem dispositis. Majori valrâ inflatâ,
lobis et depressionibus parùm productis notatâ ; quoque lobo
ad minoris valvæ depressiones respondente ; apice incurvato,
subcompresso. ad latera valdè carinato. Foramine mediocri,
oblongo. Valvis acutè unitis, valvarum commissurâ quadri-
inflexâ*

*Intùs, brachiorum fulcro ignoto, mediano septo minoris
valvæ elato.*

DIAG. Coquille subpentagonale, un peu plus longue que
large, plus ou moins déprimée, tronquée à la région frontale,
élargie sur les côtés en deux lobes obtus, lisse. Petite valve
très-déprimée, marquée de quatre lobes obtus, dont deux au
front et deux autres sur les côtés ; ces lobes , séparés par de
larges dépressions plus ou moins profondes. Grande valve
renflée, marquée de lobes peu prononcés, opposés aux dépressions de 'a petite valve ; crochet arqué, saillant, un peu
comprimé et acuminé, fortement caréné sur les côtés ; foramen assez petit, oblong. Valves réunies sous un angle aigu.
Commissure des valves offrant quatre inflexions qui répondent
aux lobes et aux dépressions des valves.

INTÉRIEUR. — Appareil brachial inconnu. Septum médian de la petite valve bien prononcé; empreintes des muscles adducteurs plus longues que dans les autres Waldheimia.

Couleur. — *Inconnue.*

Dimensions : longueur, 40 millimètres ; largeur, 34 millimètres ; épaisseur, 21 millimètres.

JEUNE AGE. — Nous n'avons pu observer des échantillons très-jeunes, mais il est probable que, pour les caractères tirés du crochet, ils ne diffèrent pas des autres Waldheimia : en observant les lignes d'accroissement, on voit que les jeunes devaient avoir une forme tout-à-fait différente de celle des adultes, que la coquille devait être beaucoup plus large que longue, et offrir deux grandes ailes latérales, que le front ne devait point être tronqué, mais présenter une espèce de lobe aigu ; en un mot, que la coquille devait être tout-à-fait rhomboïdale, le grand axe du rhombe occupant la largeur. A cet état, la coquille devait également être tout-à-fait déprimée; en avançant en âge, elle s'allonge un peu (Voir fig. 3 *a, b*) et le lobe aigu du front commence à se tronquer. A mesure que la coquille grandit, la grande valve se renfle, la petite restant toujours déprimée, enfin les sillons se creusent sur les côtés et sur la région frontale, et l'on arrive ainsi à la forme adulte représentée fig. 2.

Obs. Cette belle espèce est très-remarquable, en ce qu'elle paraît offrir en même temps des caractères qui se rapportent aux coquilles de la section *Waldheimia* et à celles des *Térébratules proprement dites ;* en effet, si le crochet caréné, le foramen petit, le septum médian de la grande valve sont des caractères spéciaux aux *Waldheimia*, la forme biplissée, au contraire, ne s'est jamais rencontrée que dans les *Epithyris* et les Térébratules proprement dites, les empreintes musculaires ne sont pas non plus disposées comme dans les Térébratules à long appareil brachial ; on conçoit donc, qu'en l'absence de données sur ce dernier point, puisque nous ne connaissons point sa charpente interne, il nous reste des doutes sur la section à laquelle elle doit être rapportée. Sa forme se rapproche de celle de plusieurs Térébratules proprement dites et, en particulier, de la *Ter. maxillata*; mais les caractères du crochet sont tout différents.

Nous sommes heureux de pouvoir dédier à M. de Verneuil la plus belle et la plus curieuse des espèces jurassiques recueillies en Espagne par ce savant géologue; nous espérons qu'il voudra bien regarder cette dédicace comme un témoignage de notre admiration pour ses travaux et de notre reconnaissance pour les marques d'intérêt dont il a bien voulu nous honorer (1).

Hab. Jusqu'ici cette espèce paraît spéciale au lias de l'Espagne, elle est assez abondante dans toutes les localités. Des deux échantillons figurés, l'un provient d'Obon, l'autre de Mont-Alban. M. de Verneuil l'a également recueillie à Auchuela, Abbarracin, etc., etc.

Pl. XI, fig. 2 *a*, *b*. *Terebratula* (Waldheimia) *Verneuili* (E. Desl.). Échantillon adulte, montrant une partie du moule interne de la petite valve. S, M. Septum médian. A. Muscles adducteurs. Lias moyen, Obon (Espagne).

— fig. 3 *a*, *b*. — Jeune échantillon provenant de Mont-Alban (Espagne), S, M. Septum médian. A. Muscles adducteurs.

(1) Il y a bien une autre espèce qui a reçu le nom de *Terebratula Verneuili*, mais comme cette coquille n'appartient pas au genre Térébratule, mais au genre Rhynchonelle et à une forme tout-à-fait paléozoïque, nous pouvons, en toute sûreté, appliquer ce nom à notre nouvelle espèce.

33°. TEREBRATULA JAUBERTI, *nov. sp.*

Pl. XI, fig. 1.

Testâ rotundâ, aut subovali, raró subpentagonali, ad frontem truncatâ, ad cardinem patulâ; lævi. Valvis æquè convexis, plùs minùsve obesis, aliquoties subplanatis. Valvarum commissurâ rectâ, sed ad frontem in senescenti testâ, leviter inflexâ. Minori valvâ adamussim convexâ, aliquoties ad frontem leviter biplicatâ; plicis obsoletis per latam et obsoletam depressionem segregatis. Majori valvâ adamussim convexâ; apice lato, patulo, brevi, parùm incurvato, ad latera leviter et longé carinato. Foramine mediocri, vel etiàm parvo, rotundo.

Intùs ignotâ.

DIAG. Coquille arrondie, ou ovalaire, quelquefois subpentagonale, légèrement tronquée à la région frontale, élargie à la région cardinale; lisse. Valves également convexes, quelquefois un peu renflées, mais presque toujours plus ou moins déprimées. Commissure des valves droite, mais présentant au front, dans l'âge très-adulte, une inflexion plus ou moins forte. Valves unies sous un angle très-émoussé. Petite valve régulièrement convexe, marquée vers le front d'un lobe peu apparent qui, dans l'âge adulte, se creuse sur la partie médiane d'une légère dépression, comme dans les Térébratules biplissées. Grande valve régulièrement convexe; crochet large, court, très-peu recourbé, offrant sur les côtés deux longues carènes peu prononcées. Foramen assez petit, arrondi.

CARACTÈRES INTÉRIEURS. — Appareil brachial inconnu.

Empreintes des muscles adducteurs, sur la petite valve, grandes, ovalaires et allongées, comme dans les autres Térébratules proprement dites. L'intervalle de ces muscles adducteurs marqué d'une petite saillie longitudinale superficielle remplaçant le septum médian. Empreintes génitales, de chaque côté des muscles adducteurs, très-fortement granulées.

Couleur. — *Bistre.*

Dimensions : longueur, 39 millimètres; largeur, 35 millimètres ; épaisseur , 19 millimètres.

Obs. J'avais depuis long-temps observé un grand nombre d'échantillons de cette belle espèce, recueillis par M. Jaubert dans le département du Var, et j'avais pu constater qu'elle est facile à distinguer par ses contours arrondis, sa forme étalée, son crochet plus ou moins caréné et son foramen généralement assez petit. Ces caractères se rapprochent beaucoup des *Waldheimia ;* aussi ai-je long-temps hésité pour savoir où ranger cette espèce ; mais j'ai pu voir, sur des échantillons recueillis en Espagne par M. de Verneuil, des portions de moules internes de la petite valve où les empreintes musculaires et ovariennes étaient on ne peut mieux conservées (Voir pl. XI, fig. 1 , A et O). Ces empreintes sont tout-à-fait semblables à celles des Térébratules proprement dites. Toutefois on voit, entre les empreintes des muscles adducteurs, un petit sillon qui a été déterminé par une petite crête, superficielle il est vrai, mais qui nous représente en rudiment le septum médian, si développé dans certaines *Waldheimia.* On voit donc que, même par ses caractères intérieurs, la *Terebratula Jauberti* se rapproche des *Waldheimia.* Quant à l'appareil brachial , nous n'avons pu jusqu'ici parvenir à l'isoler. Toutefois cet appareil devait être assez court, comme dans les Térébratules proprement dites, si nous en jugeons par une coupe que nous avons figurée pl. XLV, fig. 9, de la *Paléontologie française :* on voit, en effet, que les branches currentes *(a, b)* de cet appareil sont très-divergentes dès leur origine, et que par suite elles annoncent un appareil peu allongé. Cette coquille est fort variable et chaque localité a, pour ainsi dire, sa forme particulière. Ainsi, dans la Sarthe, où l'espèce est rare, elle est très-globuleuse et de petite taille ; dans le département du Var, les échantillons sont très-déprimés, affectent une forme élargie ; le crochet est aminci et le foramen petit, à tel point que l'on a pu la considérer comme une simple variété de la *Ter. numismalis.* Les échantillons recueillis en Espagne par M. de Verneuil ont également leur physionomie particulière : leur forme est ovalaire, déprimée, leur foramen un peu plus grand que ceux du département du Var ; ils paraissent, du reste, être assez abondants, et M. de Verneuil l'a recueillie dans un grand nombre de localités.

Nous dédions cette belle espèce à M. Jaubert, ingénieur du chemin de fer d'Italie, qui a bien voulu nous donner d'utiles documents sur la géologie du département du Var, et nous communiquer une série des plus intéressantes des Brachiopodes de ce département.

Pl. I, fig. 1. *Terebratula Jauberti* (E. Desl.). Échantillon provenant d'Anchuela, près Molina (Aragon), et montrant une partie du moule interne. A. Muscles adducteurs. O. Empreintes génitales (Collection de M. de Verneuil).

34°. RHYNCHONELLA MERIDIONALIS, *nov. sp.*

Pl. XII, fig. 4, 9.

Testâ maximè trilobatâ, ad umbones sublævi, ad fron-
tem et latera plicis subacutis et elatis, ad marginem accres-
sentibus instructâ. Valvis abruptè unitis. Valvarum com-
missurâ dentatâ, et per abruptam inflexionem anterioris
lobi insigne; in aream angustam ex lateribus abruptè re-
cectum extensâ. Minori valvâ mediano altissimo bi aut tri-
partito et projectis ad latera lobis per altam et angustam
depressionem segregatis notatâ. Majori valvâ, altâ et me-
dianâ depressione, necnon abruptis ad latera lobis notatâ;
apice crasso, brevi, vix incurvato, ad extremam partem vix
acuto.

DIAG. Coquille assez grande, marquée de trois lobes fortement projetés en avant et sur les côtés, à peu près lisse vers
les crochets, mais marquée sur les deux tiers de son étendue
de plis simples, peu prononcés d'abord et devenant de plus
en plus profonds en se rapprochant des bords. Ces plis s'ar-
rêtent subitement auprès du rebord des valves en détermi-
nant une surface assez large, entièrement plane, sur laquelle
la trace des plis s'imprime en dentelures rendues plus manifestes par de nombreuses et profondes lignes d'accroissement. Commissure des valves dentelée par les plis et offrant
en outre une inflexion médiane énorme, suivant la courbure
du lobe médian. Petite valve offrant un lobe médian excessivement élevé et se projetant à angle droit sur la région cardinale, ce lobe marqué lui-même de deux ou trois plis profonds. Grande valve offrant une large dépression non moins
profonde et correspondant au lobe de la petite. Crochet épais,
court, très-peu recourbé et à peine aigu à son extrémité.

Couleur. — *Brun foncé.*

Intérieur. — *Inconnu.*

Obs. Cette espèce remarquable se rapproche des *Rhynch. acuta, ringens* et *cynocephala ;* elle se distingue de la *Rhynchonella acuta* en ce que son lobe médian est encore plus prononcé, que les plis occupent un plus grand espace, enfin que le nombre normal des plis du lobe médian est de deux ou trois, tandis que dans la *Rhynch. acuta* il est toujours ou presque toujours unique. Elle diffère également de la *Rhynch. cynocephala.* en ce que dans cette dernière les plis sont beaucoup plus aigus, que la surface lisse est bien plus grande, enfin que la taille est à peine le tiers de la *Rhynch. meridionalis.* Enfin, la *Rhynch. ringens* a ses plis bien plus arrondis ; le lobe médian est bien plus étroit : on ne peut donc la confondre avec aucune de ces trois espèces.

La *Rhynch. meridionalis* est tout-à-fait absente dans le lias moyen du nord de la France, où elle est remplacée par la *Rhy..ch. acuta.* Elle abonde au contraire dans le midi, dans le département du Var, par exemple, où elle est identique aux échantillons recueillis en Espagne par M. de Verneuil. Une remarque analogue a été faite pour la *Ter. Jauberti,* qui est également très-nombreuse dans le sud et devient au contraire très-rare vers le nord. Il est donc probable que ces deux espèces s'accompagnent et caractérisent par leur abondance le lias de la région pyrénéenne : de là le nom de *meridionalis* que nous donnons à cette remarquable coquille.

Hab. Cette espèce est abondante en Espagne et a été recueillie par M. de Verneuil dans un grand nombre de localités ; les échantillons de Villar sont surtout remarquables par la netteté des caractères.

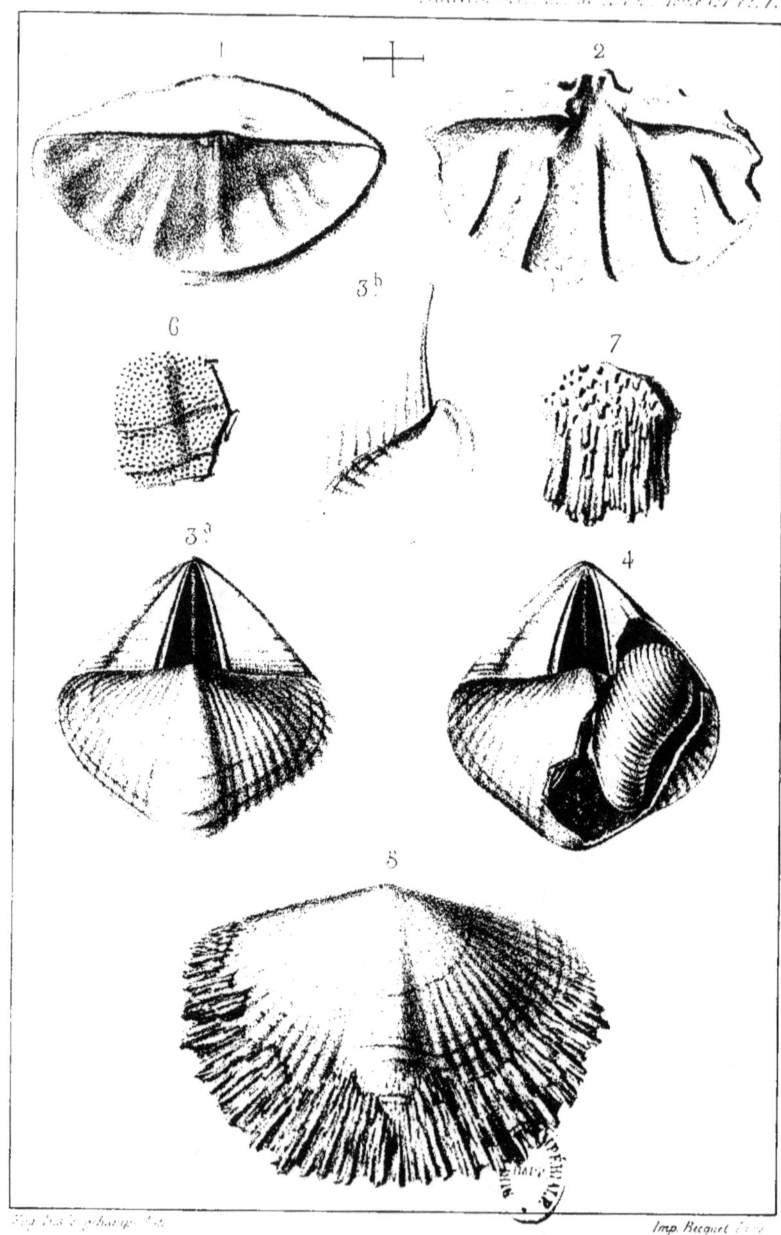

Brachiopodes nouveaux ou peu connus

Lias.

EXPLICATION DES PLANCHES.

Planche 1.

P. 3. Fig. 1. *Thecidea complanata* (E. Desl.). Intérieur de la grande valve, grossie. Lias moyen de May (Calvados).

— 2. — — Intérieur de la petite valve de la même, grossie. Une croix indique la grandeur réelle.

P. 4. Fig. 3 *a*, *b*. *Spiriferina rupestris* (E. Desl.). De grandeur naturelle, vue de face et de profil. Lias moyen de Fontaine-Étoupefour (Calvados).

— 4. — — Échantillon en partie brisé, pour faire voir la forme de l'appareil brachial.

— 5. — — Petite valve, grossie, montrant à son pourtour les expansions foliacées des épines. May.

— 6. — — Portion grossie du test montrant les cicatrices des épines.

— 7. — — Portion grossie montrant la naissance, la disposition des épines, leur base libre et leurs extrémités se soudant en expansions foliacées.

Planche II.

P. 15. Fig. 1 *a, b. Spiriferina pinguis* (Ziet.). Échantillon de grandeur naturelle , vu de face et de profil. Évrecy (Calvados).

— 2 *a.* — — Valves brisées en partie, pour faire voir l'appareil brachial.

— 3. — — Portion grossie du test adhérent à la gangue, pour montrer la disposition des épines.

P. 17. Fig. 4 *a, b.* — *verrucosa* (De Buch , *sp.*). Échantillon de grandeur naturelle, vu de face et de profil. Lias moyen de Vieux-Pont (Calvados).

— 5 — — Grande valve ouverte, montrant à son intérieur, et dans leurs rapports, les spires arrachées de la petite valve.

— 6 *a.* — — Grande valve grossie , vue par devant, pour montrer la forme du trou et du deltidium.

— 6 *b.* — — Portion grossie du test, montrant la cicatrice des grosses et **des** petites épines.

P. 10. Fig. 7. — *rostrata* (Schloth. , *sp.*). Échantillon typique, vu de profil. Grandeur naturelle. Lias moyen d'Évrecy (Calvados).

— 8. — — Petite valve avec les spires de l'appareil brachial en rapport.

— 9. — — Portion grossie du test, montrant la forme des épines.

P. 13. Fig. 10. — *Harthmanni* (Ziet., *sp.*). Grand échantillon de grandeur naturelle, provenant de Fontaine-Étoupefour (Calvados), vu de profil.

— 11. — — Échantillon dont on a enlevé une partie de la grande valve, pour faire voir la disposition des spires.

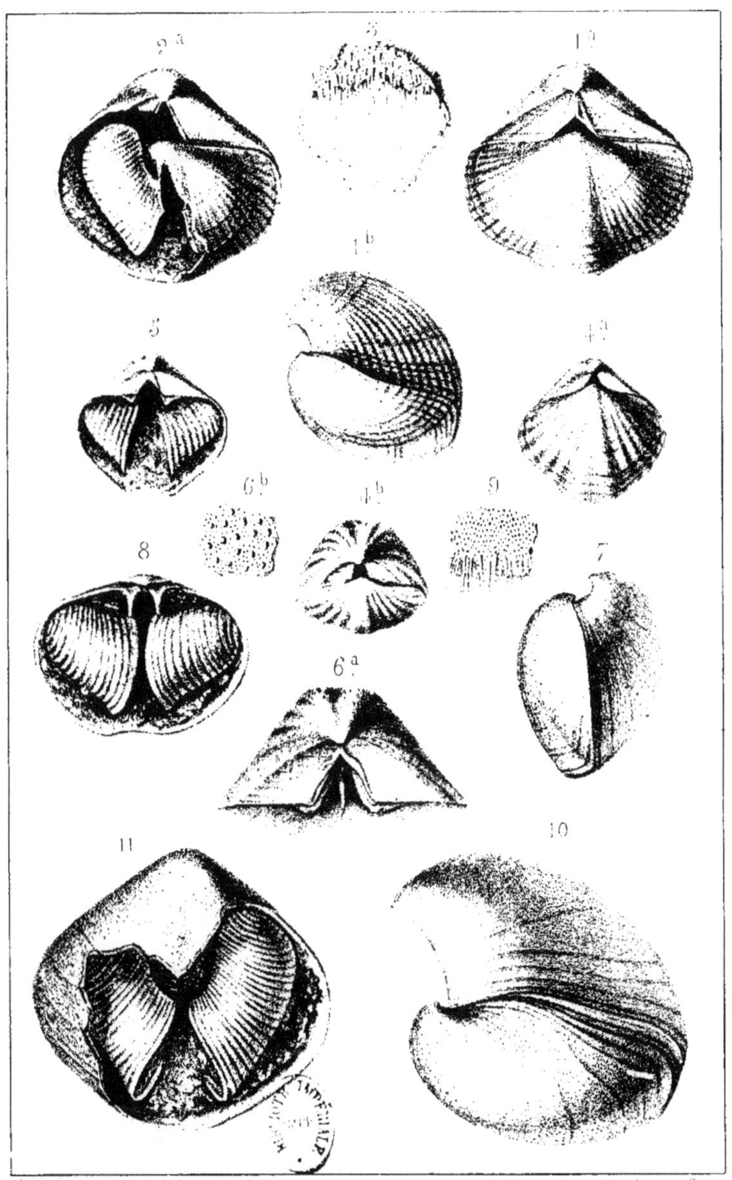

Eug. Deslongchamps lith.

Imp. Becquet, Paris.

Brachiopodes nouveaux ou peu connus.

Lias.

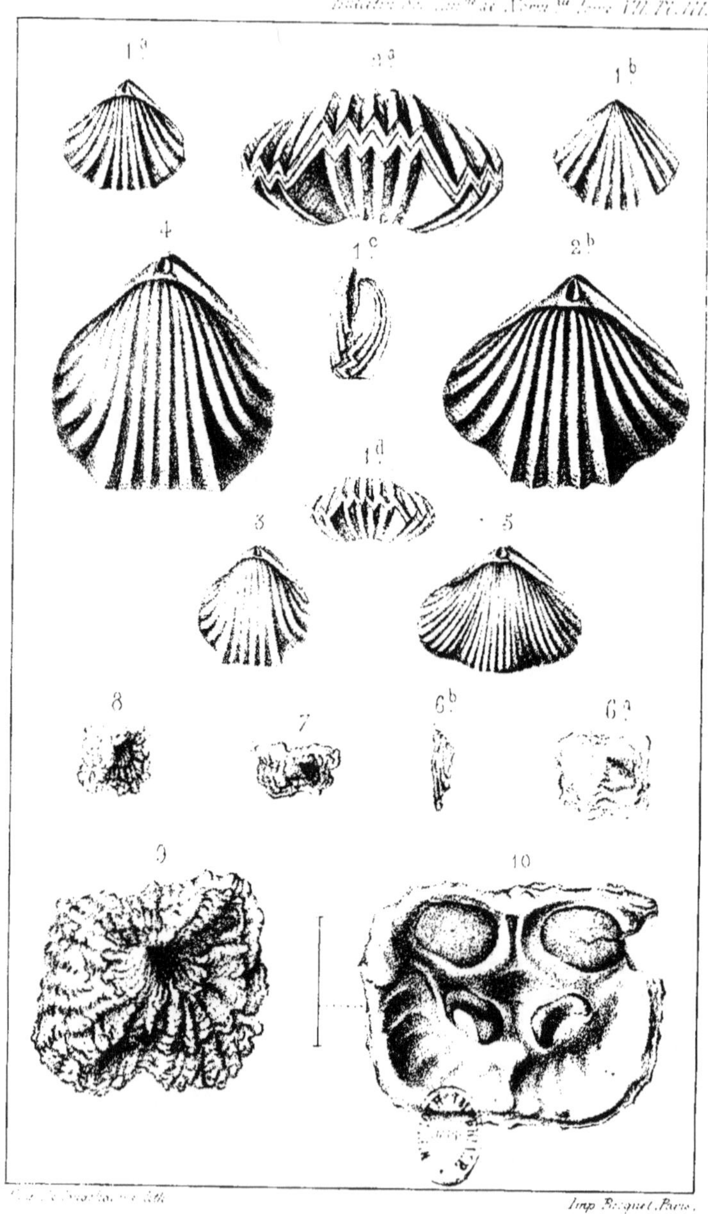

Imp Becquet, Paris.

Brachiopodes nouveaux ou peu connus.
Lias.

Planche III.

P. 20. Fig. 1 *a, b, c, d. Rhynchonella fallax* (E. Desl.). Échantillon typique, de grandeur naturelle,
vu sous divers aspects. Lias
moyen de May (Calvados).
—   2 *a, b.*   —   — Même échantillon, grossi.
—   3.   —   — Variété longue et renflée. Grandeur naturelle.
—   4.   —   — La même, grossie.
—   5.   —   — Grand échantillon offrant un
nombre de plis considérable.
Grandeur naturelle. Forme très-
peu répandue.
P. 21. Fig. 6 *a, b. Crania Gumberti* (E. Desl.). Petite valve, vue ci-
dessus et de profil. Grandeur
naturelle. Lias moyen de May
(Calvados). P.
—   7.   —   —   Échantillon difforme. Grand. nat.
—   8.   —   —   Échantillon, en parfait état, montrant les ornements squam-
meux.
—   9.   —   —   Le même échantillon, grossi.
—   10.   —   —   Intérieur grossi du plus grand
échantillon connu. Un trait
vertical indique ses dimensions.

**Planche IV.

P. 22. Fig. 1 *a. Discina Babeana* (d'Orb., *sp.*). Grande valve, de grandeur naturelle. Infrà-lias des environs de Langres (H^{te}.-Marne).

—   1 *b.*   —   —   Même échantillon, de profil.

—   2.   —   —   Très-grand échantillon, de profil.

—   3 *a.*   —   —   Petite valve d'un très-grand échantillon, vue par l'extérieur.

—   3 *b.*   —   —   La même, vue de profil.

—   4 *a, b.*   —   —   Petite valve d'un autre échantillon, vue par sa face interne, de face et de profil.

P. 25. Fig. 5.   *Lingula Metensis* (Terq.). Échantillon de grandeur naturelle, provenant du lias inférieur de St.-Côme-du-Mont (Manche).

—   6 *a, b.*   —   —   Le même, grossi.

P. 26. Fig. 7.   —   *Voltzi* (Terq.). Échantillon, de grandeur naturelle, provenant du lias moyen de la Moselle.

—   8 *a, b.*   —   —   Grande valve, grossie, vue par l'extérieur et l'intérieur.

—   8 *c.*   —   —   Deux valves en rapport, grossies.

—   8 *d, e.*   —   —   Petite valve, grossie, vue par l'intérieur et l'extérieur.

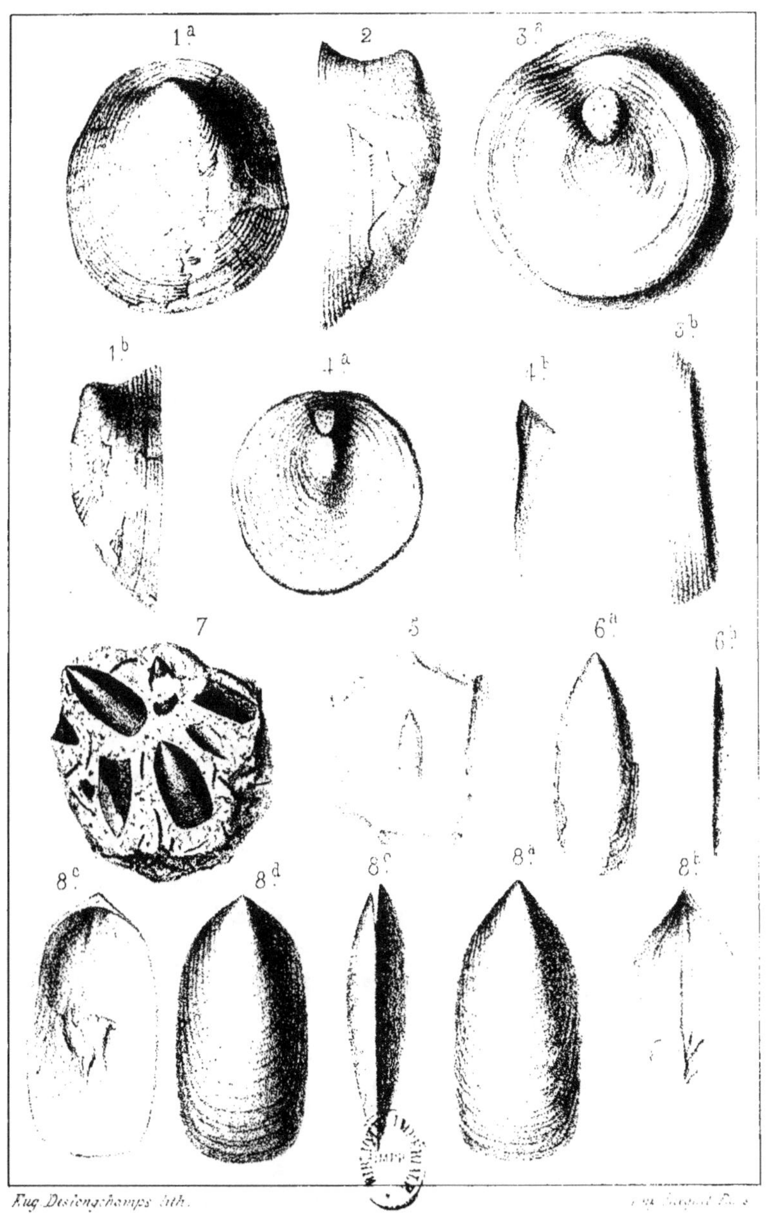

Brachiopodes nouveaux ou peu connus.

Lias.

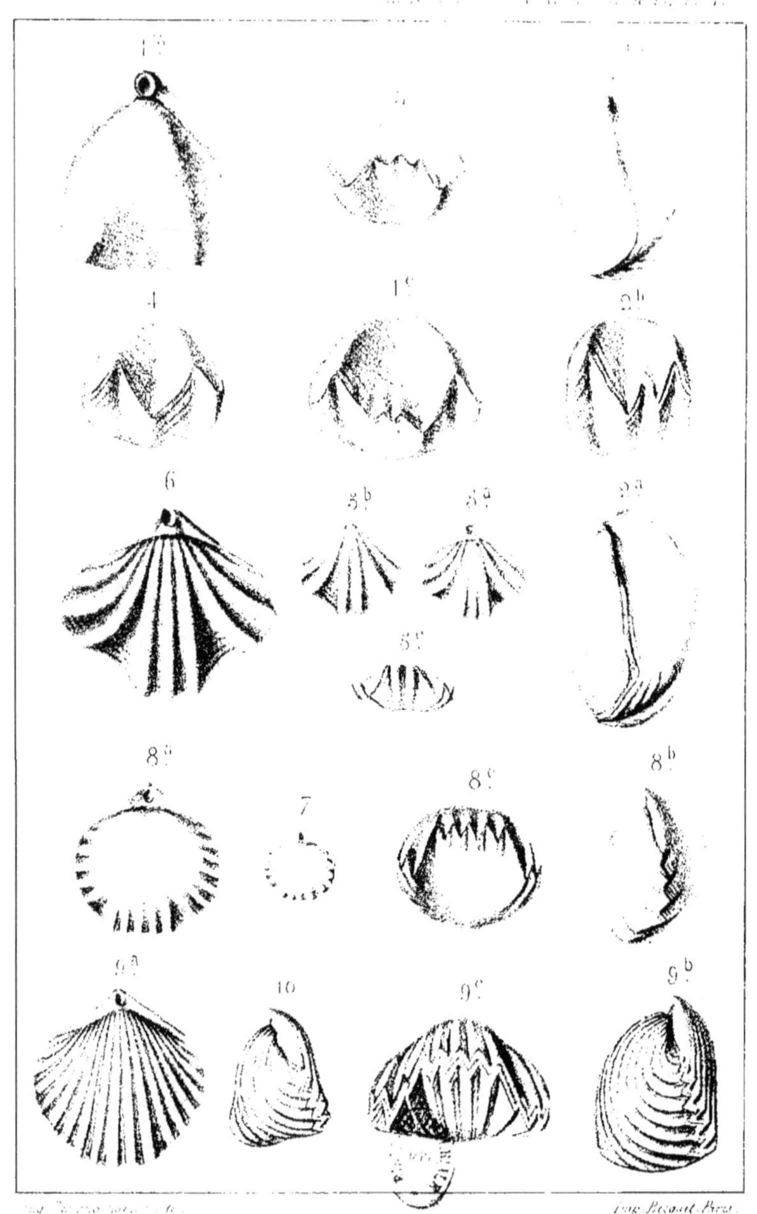

Brachiopodes nouveaux ou peu connus.
S. oolithique inférieur.

Planche V.

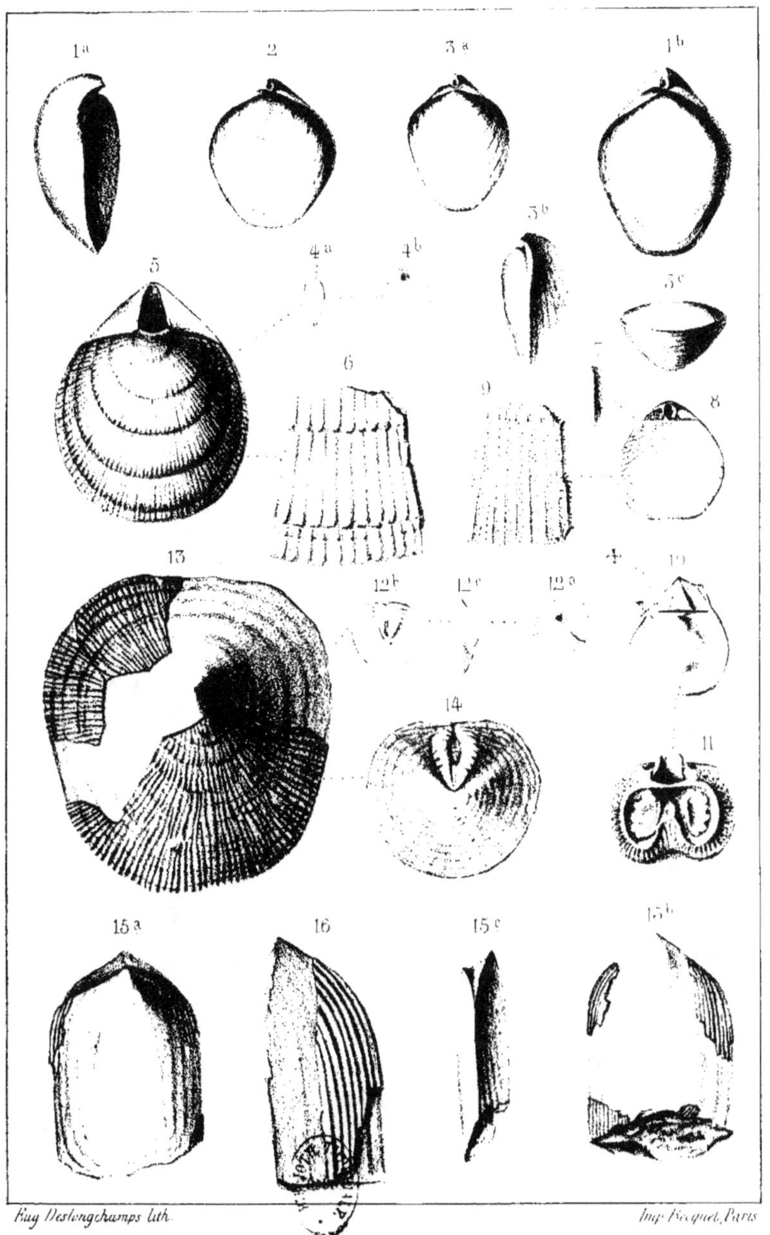

Brachiopodes nouveaux ou peu connus.

jurassique moy. et sup.

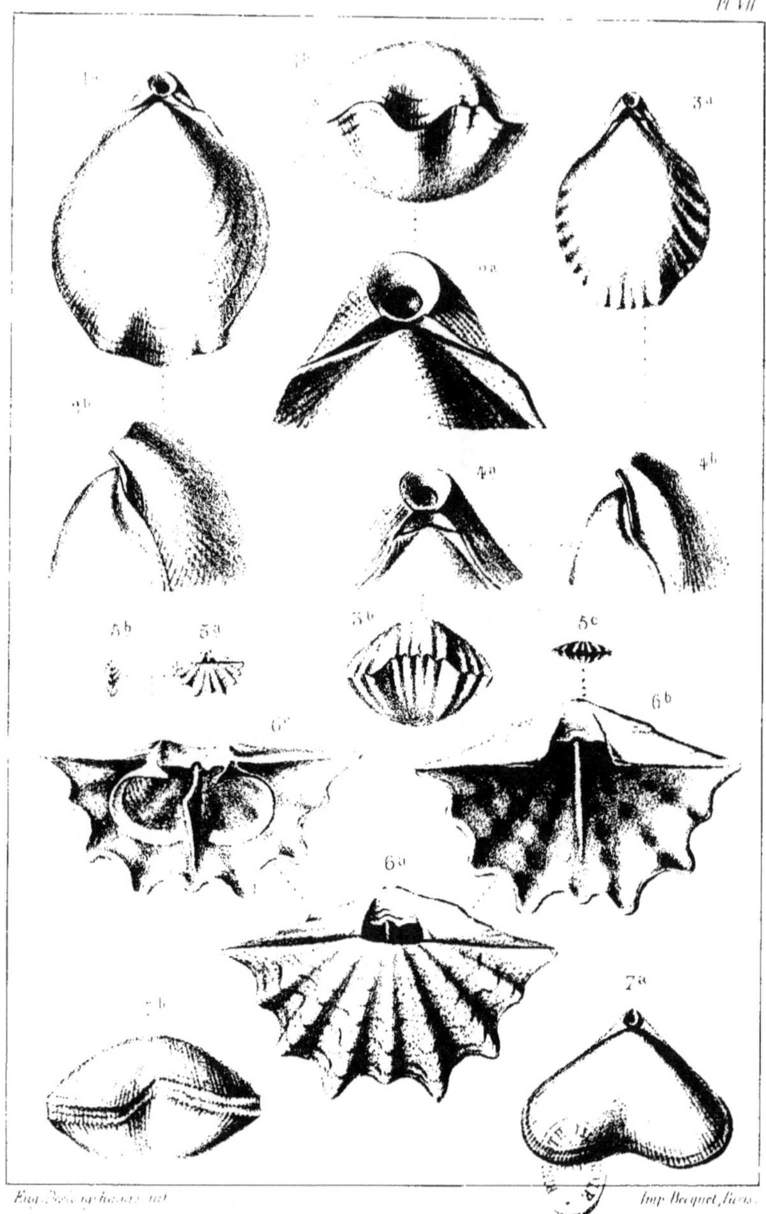

Imp. Becquet, Paris.

Brachiopodes nouveaux ou peu connus.

Terr. Crétacé.

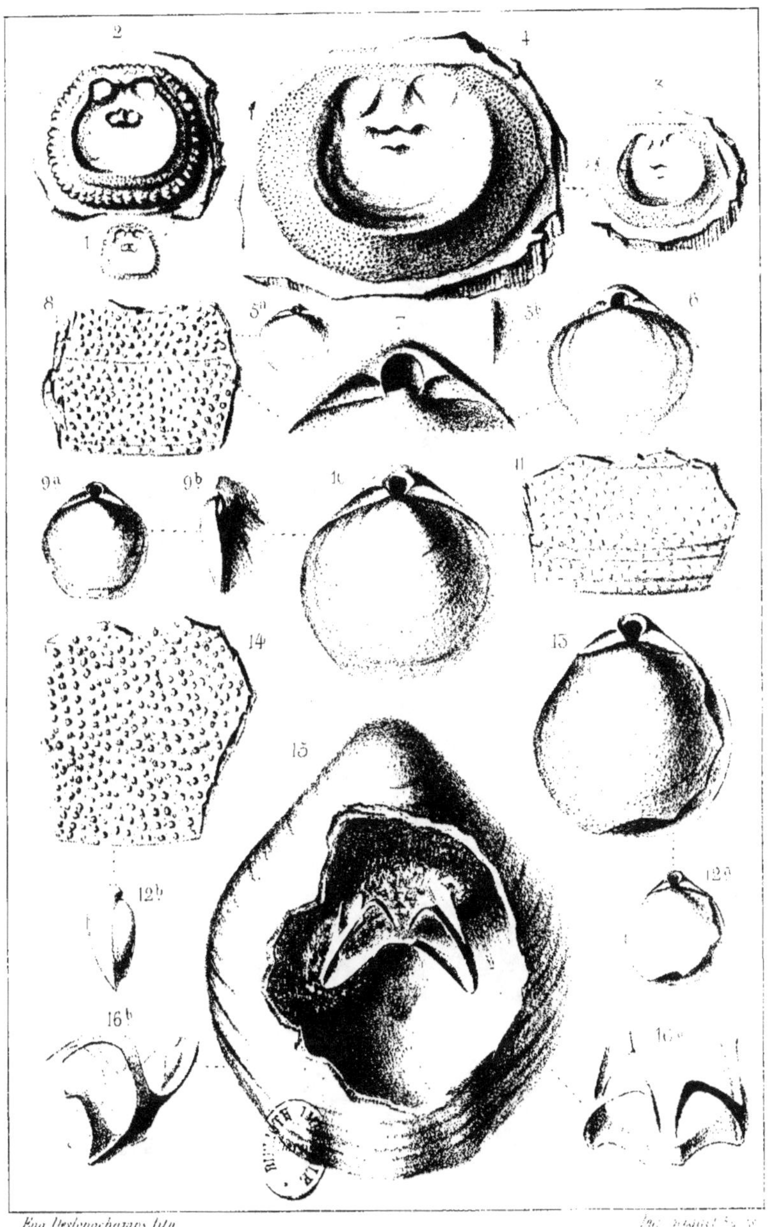

Brachiopodes nouveaux ou peu connus

T. Crétacés et tertiaires.

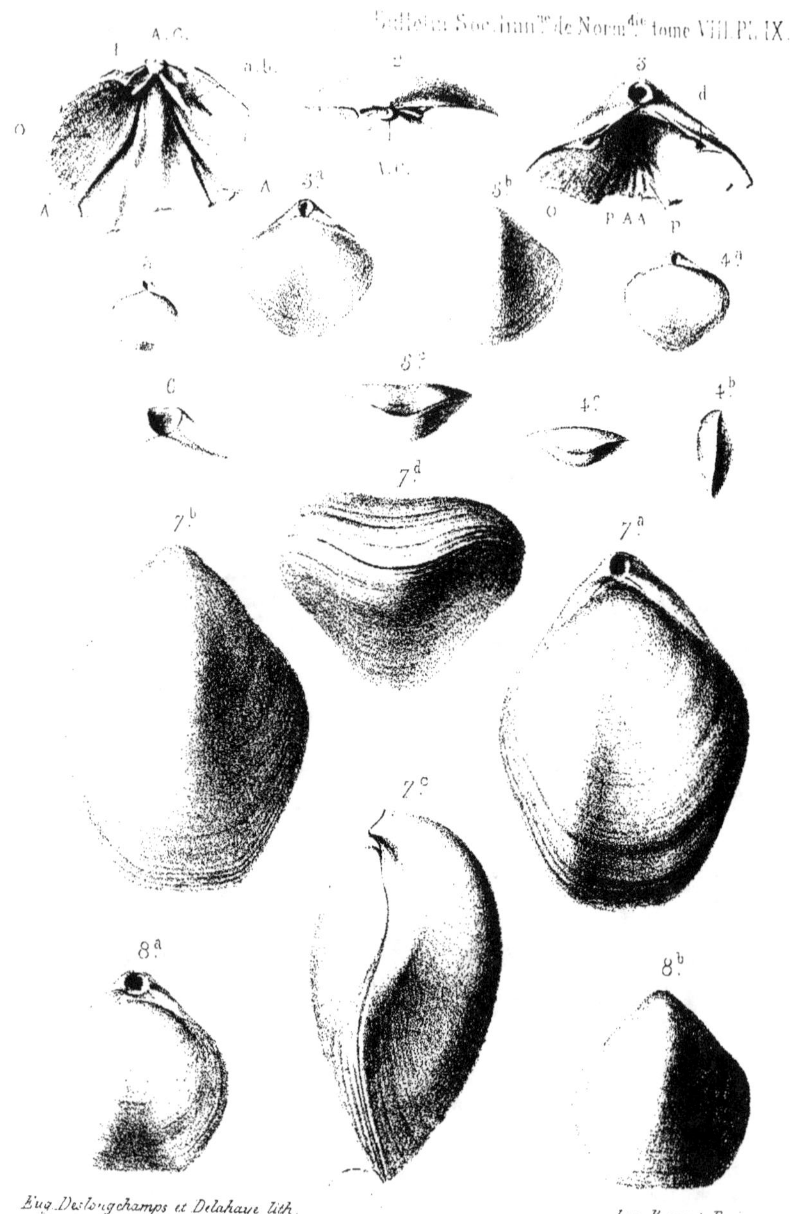

Eug. Deslongchamps et Delahaye lith.

Imp. Becquet, Paris.

BRACHIOPODES NOUVEAUX OU PEU CONNUS.

Terebratula (Epithyris) Brebissoni (E.Desl) ool.inf.

Planche IX.

P. 52. Fig. 1. *Terebratula* (Epithyris) *Brebissoni* (E. Desl.). Intérieur de la portion cardinale de la petite valve, grossi. A, C. Apophyse cardinale. *a*, *b*. Naissance de l'appareil brachial. Muscles adducteurs. O. Empreintes génitales.

— 2. — — Portion de la petive valve, vue par la charnière. A, C. Apophyse cardinale.

— 3. — — Dessin grossi montrant l'intérieur du crochet de la grande valve. A. Muscles adducteurs. P. Muscles pédonculaires. O. Empreintes génitales. *d*. Dents cardinales.

— 3 *bis*. — — Jeune échantillon provenant du calcaire à entroques de Milly (Saône-et-Loire).

— 4 *a*, *b*, *c*. — Jeune échantillon provenant de l'oolithe inférieure (zone à *Amm. Murchisonæ* de Fresnay-la-Mère) (Calvados).

— 5 *a*, *b*, *c*. — Échantillon un peu plus adulte. Même localité.

— 6. — — Crochet grossi de cet échantillon.

— 7 *a*, *b*, *c*, *d*. — Le plus grand échantillon connu, provenant de Fresnay-la-Mère (Calvados).

— 8 *a*, *b*. — — Échantillon adulte provenant du calcaire à entroques de Milly (Saône-et-Loire).

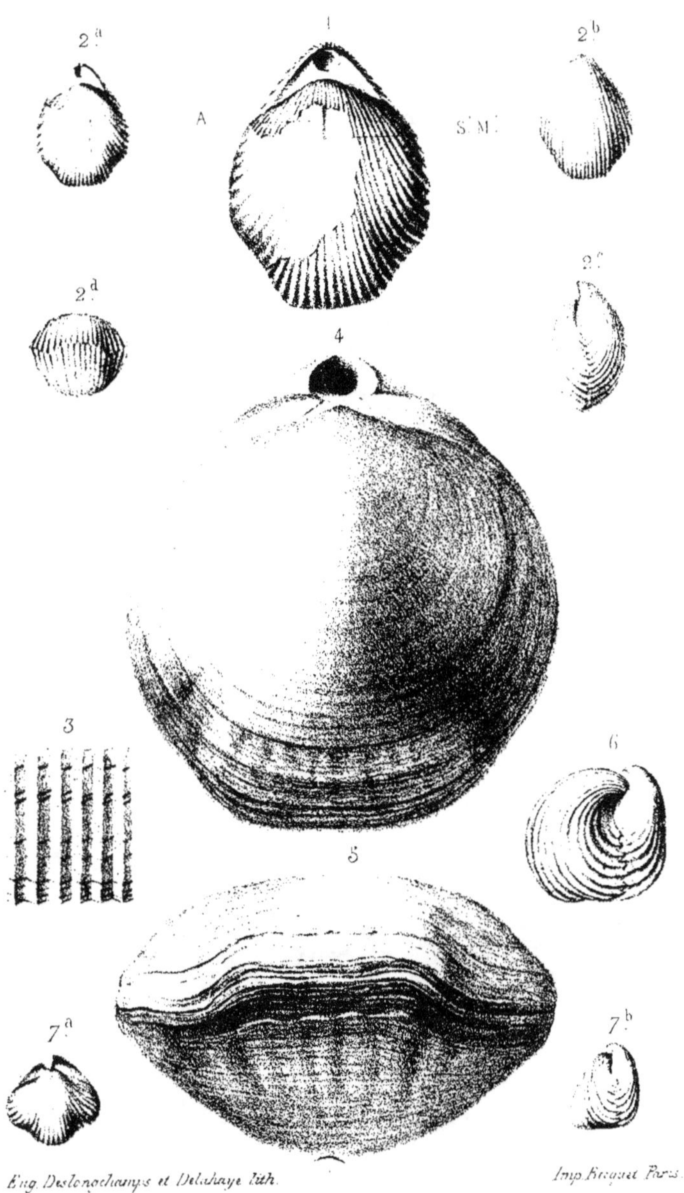

Eug. Deslongchamps et Delahaye lith.

Imp. Becquet Paris.

BRACHIOPODES NOUVEAUX OU PEU CONNUS.

S. oolitique inférieur.

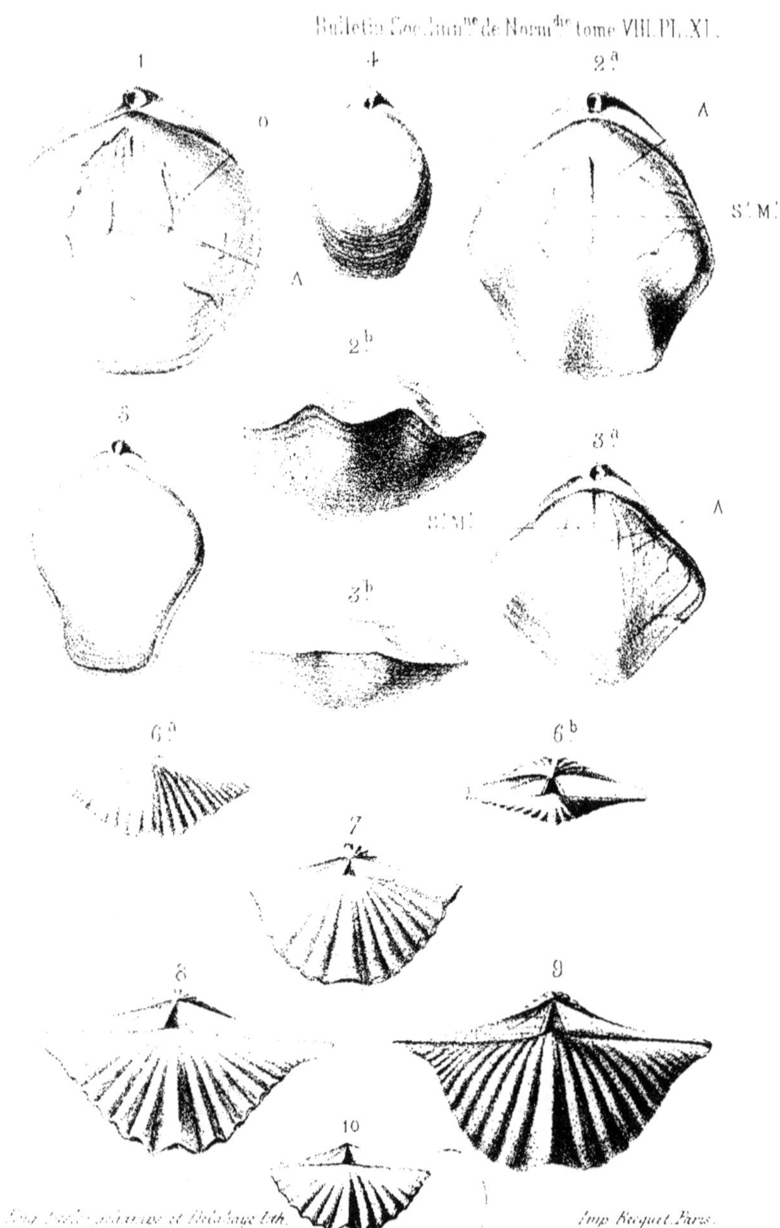

BRACHIOPODES NOUVEAUX OU PEU CONNUS.

Lias de l'Espagne.

Planche XI.

P. 66 et 72. Fig. 1. *Terebratula Jauberti* (E. Desl.). Echantillon vu de face, montrant une partie du moule interne de la petite valve. A. Muscles adducteurs. O. Empreintes génitales. Lias moyen, Obon (Espagne). (Collection de M. de Verneuil.)

P. 66 et 69. Fig. 2 *a, b. Terebratula* (Waldheimia) *Verneuili* (E. Desl.). Échantillon adulte montrant une partie du moule interne de la petite valve. S, M. Septum médian. A. Muscles adducteurs. Lias moyen? Obon (Espagne).

— 3 *a, b.* — — Jeune échantillon provenant de Montalban (Espagne). S, M. Septum médian. A. Muscles adducteurs.

P. 65. Fig. 4. — *florella* (d'Orb.). Échantillon, de grandeur naturelle, provenant du lias moyen d'Obon (Espagne). Collection de M. de Verneuil.

— 5. — *resupinata* (Sow.). Échantillon remarquable, de grandeur naturelle, provenant du lias moyen de Montalban (Espagne).

P. 67. Fig. 6 *a, b. Spiriferina oxyptera* (Buv.). Échantillon offrant les ailes latérales très-développées; lias moyen de Josa (Espagne) Collection de M. de Verneuil.

— 7. — — Échantillons à ailes très-courtes.

— 8, 9. — — Échantillons à ailes assez prononcées.

— 10. — — Jeune échantillon à ailes assez prononcées. Collection de M. de Verneuil.

P. 67. Fig. 1. *Spiriferina rostrata* (Schloth., *sp.*). Grand échantillon provenant du lias moyen de l'Espagne. Collection de M. de Verneuil.

P. 68. Fig. 2 *a, b. Rhynchonella Lycetti* (Dav.). Échantillon provenant du lias moyen de Josa (Espagne). Collection de M. de Verneuil.

— 3 *a, b.* — — Petit échantillon montrant seulement deux plis au sinus et ressemblant beaucoup à la *Rhynch. Oppeli.* Même localité. Collection de M. de Verneuil.

P. 68 et 75. Fig. 4. *Rhynchonella meridionalis* (E. Desl.). Moule intérieur de la petite valve. S, M. Septum médian. A. Muscles adducteurs. F. Foie. O. Empreintes génitales. S, V. Sinus veineux, du lias moyen de Villar (Espagne). Collection de M. de Verneuil.

— 5. — — Moule intérieur de la grande valve. A. Muscles adducteurs. R. Rétracteurs. O. Empreintes génitales. S, V. Sinus veineux renfermant les organes génitaux. Lias moyen de Villar (Espagne). Collection de M. de Verneuil.

— 6 *a, b, c.* — — Magnifique échantillon très-adulte, provenant du lias moyen de Villar (Espagne). Collection de M. de Verneuil.

— 7, 8, 9. — — Échantillons divers offrant des variations dans le nombre des plis du sinus. Lias moyen de Villar (Espagne). Collection de M. de Verneuil.

Caen, typ. de A. Hardel.

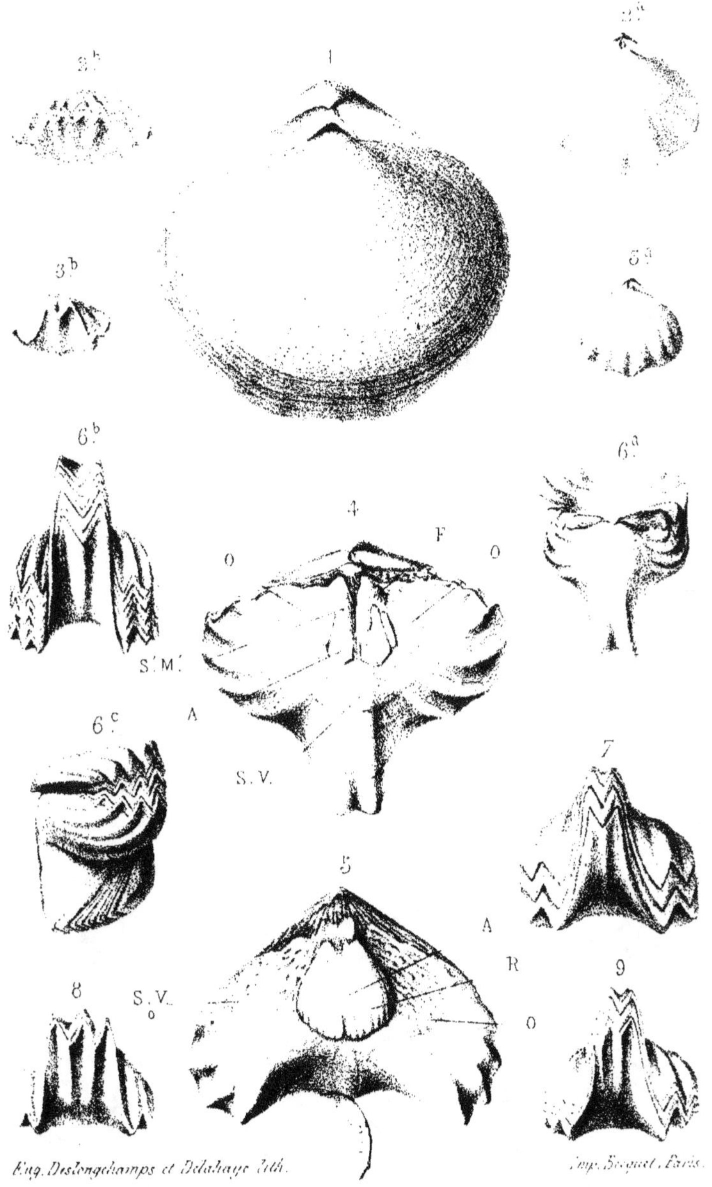

Eug. Deslongchamps et Delahaye lith.   Imp. Becquet, Paris.

BRACHIOPODES NOUVEAUX OU PEU CONNUS.
Lias de l'Espagne.